招牌川味菜系

招牌

川味

家常菜

张刚 编著

U0213319

甘肃科学技术出版社

图书在版编目（ＣＩＰ）数据

招牌川味家常菜 / 张刚编著. -- 兰州 ：甘肃科学技术出版社，2017.8
ISBN 978-7-5424-2428-0

Ⅰ．①招… Ⅱ．①张… Ⅲ．①家常菜肴－川菜－菜谱
Ⅳ．①TS972.182.71

中国版本图书馆CIP数据核字(2017)第231907号

招牌川味家常菜
ZHAOPAI CHUANWEI JIACHANGCAI

张刚　编著

出 版 人　王永生
责任编辑　何晓东
封面设计　深圳市金版文化发展股份有限公司

出　版　甘肃科学技术出版社
社　址　兰州市读者大道568号　730030
网　址　www.gskejipress.com
电　话　0931-8773238（编辑部）　0931-8773237（发行部）
京东官方旗舰店　http://mall.jd.com/index-655807.html

发　行　甘肃科学技术出版社　　印　刷　深圳市雅佳图印刷有限公司
开　本　720mm×1016mm　1/16　印　张　10　字　数　120千字
版　次　2018年1月第1版　　　印　次　2018年1月第1次印刷
印　数　1～6000
书　号　ISBN 978-7-5424-2428-0
定　价　29.80元

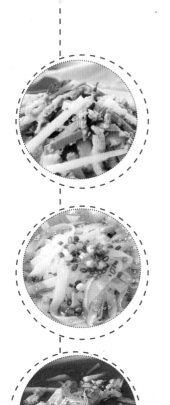

川菜为什么火爆全世界

（代序）

菜系因风味而别，风味则因各地物产、习俗、气候之不同而异。所以，广大的中国有了"四大菜系"、"八大菜系"、"十大风味"，大致呈现出南甜北咸、东辣西酸的格局和五味调和、各具风味的多彩之态。在相对封闭的年代，人们都吃着家乡的风味菜长大、成长，感受着故土给我们的恩赐和厚爱。

世界那么大，我想去看看。人有趋于稳定的惰性，也有趋向求变的冲动。当然，由于政治、经济和交通等原因，过去能游历各地、感受不同的人只是少数，但现在不同了，南来北往、东奔西走已经成了很多人的常态，交流由此剧烈深入，风味由此加速传播。而这一轮新的传播中，影响最大、走得最远最宽者，非川菜莫属。毫不夸张地说，凡有人群的聚集处，都能看到川菜的身影。在中国如是，在世界各地也大体差不多。如果从餐馆绝对数量和分布面广阔这两个指标来看，川菜无疑已经成长为中国最大的菜系，没有之一。

那么，问题来了。同样是深耕于一地的川菜，为什么能在群雄逐鹿中脱颖而出，影响力日趋巨大呢？

问题虽然尖锐，答案并不复杂。

川菜被公认为是"平民菜"、"百姓菜"，这一亲民的特征，源于川菜多是用普通材料做出美味佳肴，是千家万户都可以享受的口福。同样的麻婆豆腐、夫妻肺片，既可以上国宴，也可以在路边的"苍蝇餐馆"吃到，还可以自己在家中自烹自乐。花钱不多，吃个热乎。亲民者粉丝多，是再自然不过的现象了。此为答案一也。

川菜是开放性的菜系。自先秦以降，2000多年以来，四川经历了多次规模壮观的大移民。来自全国各地的人们，把自己本来的饮食习俗、烹调技艺与四川原住民的饮食习俗在"好辛香，尚滋味"这一地方传统的统领下，形成了动态、丰富的口味系统，使川菜享有了"一菜一格，百菜百味"的美誉。麻辣让人领略酣畅淋漓的刺激，清鲜令君感受温暖关爱的深情。选择可以多样而丰富的体验，是川菜一骑绝尘备受追捧的内因。此为答案二也。

川菜是具有侵略性、征服性的菜系。用传统医学的说法是，辛辣的食物刺激性强，有行血、散寒、解郁、除湿之功效，有促进唾液分泌、增强食欲之功能。科学研究表明，辣椒和花椒因为一种叫Capsinacin的物质而有麻痹的作用，它超越味觉的层面，直达人的神经系统促进兴奋，能让人越吃越上瘾。"上瘾"的东西一旦染上，要戒掉是很难的。所以非川人吃川菜常常是边吃边骂，骂了还要吃，完全是"痛并快乐着"的饕餮景象。这正是川菜具备侵略性、征服性最根本的原因。进一步说，川菜这种追求刺激、激发活力的特征正因应了当今时代求新求变、勇于破除常规、提升创造力的社会心理和消费心理。再加上川人向外的流布在本来基数就很大的基础上有加速的态势，促进着川菜的更快传播。此为答案三也。

问题回答完毕，回到本套丛书。川菜飘香全球，各色人种共享，无疑是世界品味中国的一道最具滋味的大餐。正是在这一背景下，我们编纂了这套"招牌川式菜"丛书，一套四册。本着把最美的"人间口福"带给千家万户的态度和愿景，我们以专业的眼光、实用为本的原则，精选了1000余款川菜和川味小吃，做到既涵盖传统川菜之精华，又展现创新川菜之风貌。在此基础上，还给出了多数菜式大致的营养特点，希望能帮助你在不同的季节、不同的健康状况下，选择每一天最适合自己的美食，做一个健康的美食人。同时，考虑到也许有一部分读者，下厨经验不足，我们还精选了数百条"厨房小知识"，希望能有助于初入厨房的你，少走弯路，快乐轻松地烹饪自己属意的美食。

好了，准备好了吗？

准备好了，就挽起袖子，拿起菜刀和勺子，开始自己美妙的川菜之旅！

开启小家庭的幸福生活！

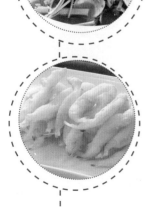

姚杨树

2017 年冬月于蓉城静心斋

Contents

Part 1

凉 菜

凉拌粉 ……………… 2

拌豆筋 ……………… 3

拌兔丁 ……………… 4

口水鸡 ……………… 4

糖醋红曲排骨 ……… 5

蒜泥白肉 …………… 5

夫妻肺片 …………… 6

黄瓜拌猪耳 ………… 7

泡凤爪 ……………… 8

川味香肠 …………… 8

米椒拌牛肚 ………… 9

辣拌羊肉 …………… 9

香拌凉皮 …………… 10

笋丝折耳根 ………… 11

凉拌折耳根 ………… 12

酸辣腰花 …………… 12

香菜拌冬笋 ………… 13

葱油滑菇 …………… 13

红椒银芽 …………… 14

麻辣香干 …………… 14

Part 2

热菜·畜肉篇

蚝油牛柳 …………… 16

开胃双椒牛腩 ……… 17

东坡肘子 …………… 18

合川肉片 …………… 18

白玉烧排骨 ………… 19

川味粉蒸肉 ………… 19

川辣红烧牛肉 ……… 20

蒜香牛蹄筋 ………… 21

萝卜焖牛腩 ………… 22

土豆烧牛肉 ………… 22

茄子焖牛腩 ………… 23

香辣牛腩煲 ………… 23

胡萝卜香味炖牛腩 … 24

草菇炒牛肉 ………… 25

川香肚丝 …………… 26

香锅牛百叶 ………… 26

笋干烧牛肉 ………… 27

双椒孜然爆牛肉 …… 27

尖椒炒羊肚 ………… 28

辣子羊排 …………… 29

蒜爆羊肉 …………… 30

芹菜羊肉丝 ………… 30

葱爆羊肉 …………… 31

青笋烧羊肉 ………… 31

香菜炒羊肉 ………… 32

干锅羊排 ………………… 33

板栗红烧肉 ……………… 34

仔姜肉丝 ………………… 35

烂肉粉丝 ………………… 36

腊肉脆花菜 ……………… 36

回锅肉 …………………… 37

火爆肥肠 ………………… 37

木耳肉片 ………………… 38

鱼香肉丝 ………………… 39

腊肉蒜薹 ………………… 40

滑炒肉片 ………………… 40

藕片炒肉片 ……………… 41

五香粉蒸牛肉 …………… 41

青椒豆豉盐煎肉 ………… 42

青椒剔骨肉 ……………… 43

蒜薹炒肉丝 ……………… 44

水煮肉片 ………………… 44

小土豆烧排骨 …………… 45

咸烧白 …………………… 45

平菇肉片 ………………… 46

葱爆羊肉卷 ……………… 46

麻婆当家鸡 ……………… 52

花椒鸡 …………………… 53

宫保鸡丁 ………………… 54

核桃青豆炒鸡丁 ………… 54

冬瓜烧鸡块 ……………… 55

干煸鸡 …………………… 55

豆瓣酱烧鸡块 …………… 56

双椒鸡丝 ………………… 57

黄焖蘑菇鸡 ……………… 58

口蘑烧鸡 ………………… 58

苦笋滑鸡 ………………… 59

芦荟鸡丝 ………………… 59

麻辣鸡翅 ………………… 60

香辣鸡翅 ………………… 61

尖椒炒鸡心 ……………… 62

椒盐鸡中翅 ……………… 63

三鲜炒鸡 ………………… 64

香炒粒粒脆 ……………… 64

银芽鸡丝 ………………… 65

重庆芋儿鸡 ……………… 65

蜀香鸡 …………………… 66

红烧鸡翅 ………………… 66

小炒鸡爪 ………………… 67

麻辣怪味鸡 ……………… 67

香辣仔兔 ………………… 68

泉水兔 …………………… 69

干豇豆芝麻香兔 ………… 69

香辣仔兔 ………………… 70

泡椒仔兔 ………………… 70

辣炒鸭舌 ………………… 71

泡椒炒鸭肉 ……………… 72

山药酱焖鸭 ……………… 73

仔姜煸鸭丝 ……………… 74

Part 3

热菜·禽肉篇

重庆烧鸡公 ……………… 48

茶树菇炒鸡丝 …………… 49

葱椒鸡 …………………… 50

葱烧鸡块 ………………… 50

板栗烧鸡 ………………… 51

菠萝鸡 …………………… 51

蒜香鸭块 74
生炒鸭丁 75
泡子姜烧鸭 75
椒盐鸭舌 76

Part 4

热菜·水产篇

蒜蓉粉丝蒸扇贝 78
酸菜剁椒小黄鱼 79
小炒海参 80
干烧辽参 80
米椒小炒蛙 81
姜葱牛蛙 81
水煮鱼片 82
酸菜小黄鱼 83
川式椒盐虾 84
玉米烩虾仁 84
冬菜蒸银鳕鱼 85
大蒜烧鲶鱼 85
豆豉小米椒蒸鳕鱼 86
红烧黄鳝 87
合炒虾仁 88
香辣蟹火锅 88
宫保虾仁 89
冬菜蒸多宝鱼 89
沸腾虾 90
爆炒鳝鱼 91
家常豆瓣鱼 92
红烧带鱼 92
麻辣香水鱼 93

家常耗儿鱼 93
干煸鱿鱼丝 94
麻辣水煮花蛤 95
辣味芹菜鱿鱼须 96
双鲜烧鳜鱼 96
糖醋鱼块 97
四季豆烧鲢 97
麻辣豆腐鱼 98
爆炒蛏子 99
酸辣鳝丝 100
榨菜鱼片 100
鲜熘乌鱼片 101
银鱼煎蛋 101
干烧鲈鱼 102
干烧鲫鱼 103
麻辣干锅虾 104
干贝烧海参 104
水煮牛蛙 105
辣炒田螺 105
泡椒泥鳅 106
川椒鳜鱼 107
酸菜鱼 108
豆花鱼片 108

Part 5

热菜·素菜篇

辣椒炒鸡蛋 110
鹌鹑蛋烧豆腐 111
韭菜炒鸡蛋 112
苦瓜摊鸡蛋 112

地木耳炒蛋 113
剁椒炒鸡蛋 113
芙蓉蒸蛋 114
家常魔芋烧豆腐 115
鸡蛋菠菜炒粉丝 116
鸡蛋炒干贝 116
葱椒莴笋 117
家常煎豆腐 117
麻婆豆腐 118
宫保豆腐 119
蟹黄豆花 120
豆瓣酱炒脆皮豆腐 ... 120
韭菜豆干 121
五丁豆腐 121
鱼香脆皮豆腐 122
豆豉炒豆腐干 123
水煮蘑菇 124
辣炒蘑菇 125
干煸四季豆 126
口味娃娃菜 126
豆芽炒河粉 127
醋熘土豆丝 127
油焖笋干 128
风味茄丁 129
泡椒烧魔芋 130
小土豆焖香菇 131
双椒蒸豆腐 132
白灼芥蓝 132
八宝蒸南瓜 133
干煸冬笋 133
椒盐脆皮小土豆 134

烧椒茄子 135
鱼香杏鲍菇 136
香辣土豆丝 137
芋儿烧白菜 137
清炒南瓜丝 138
鱼香茄子煲 138

Part 6

汤菜

香菜肉丸汤 140
川味蹄花汤 141
乳鸽天麻汤 142
三鲜汤 142
三鲜菌汤 143
番茄牛肉汤 143
胡萝卜炖羊排 144
川式老鸭汤 145
白萝卜炖羊肉 146
清新芦笋汤 146
菠菜鸭血豆腐汤 147
当归生地羊肉汤 147
海带排骨汤 148
酸萝卜江团鱼汤 149
笋干老鸭汤 150
三菌野菜肉丸 151
花生煲猪手 151
酥肉豆芽汤 152

Part 1

清清凉凉　唇齿留香

招牌川味家常菜之

凉 菜

凉拌粉

主料：
水发米粉、辣椒粉、干辣椒、芝麻酱、葱花、香菜、蒜末、姜末。

调料：
●生抽、白糖、鸡粉、食用油各适量。

制作过程：

1.沸水锅中倒入米粉，煮约5分钟至熟软；捞出后过凉水，放入碗中，待用。

2.用油起锅，倒入干辣椒、姜末、蒜末、葱花、辣椒粉，爆香；加入生抽、白糖、鸡粉，炒匀入味，盛入碗中，放上芝麻酱，拌匀。

3.将汁浇在米粉上，再点缀上香菜即可。

操作要领：

拌米粉时可选用筷子，翻动会更顺手一些。

营养特点

米粉含有蛋白质、脂肪、叶酸、核黄素、硫胺素、膳食纤维等成分，具有促进食欲、增强免疫力等功效。

厨房小知识

生的食用油不能直接用于凉拌。

拌豆筋

主料：

豆筋。

调料：

●蒜泥、盐、美极鲜酱油、白糖、醋、味精、花椒粉、芝麻酱、香油、红油、葱花各适量。

制作过程：

1. 干豆筋入盆，加入热水浸泡，待其吸水膨胀透后，取出斜刀切成厚片。

2. 调料入碗调匀成味汁，放入豆筋拌匀，装入盘中，最后撒上葱花即成。

操作要领：

豆筋涨发时间要控制好，时间不足外软内硬，若时间过长则质地软烂。

营养特点

豆筋适宜体虚、营养不良、气血双亏的人食用。

拌兔丁

主料： 兔肉。

调料：
●葱节、姜块、精盐、味精、白糖、豆豉、料酒、香油各适量。

制作过程：
1. 兔肉放入加有姜块、葱节、料酒的沸水中煮熟，冷后切成丁，装盘。
2. 用精盐、白糖、味精、豆豉、香油等调料兑成味汁，淋于兔丁上即可。

操作要领：
兔肉不能煮得太熟，断生即可。

营养特点
豆豉能解烦热、调中发汗，尤宜虚劳气喘者食用。

口水鸡

主料： 土仔鸡。

调料：
●花生末、白芝麻、精盐、白糖、醋、花椒粉、辣椒油、花生酱、刀口辣椒、姜蒜末各适量。

制作过程：
1. 土仔鸡粗加工后，入沸水锅中煮断生捞出，用凉开水漂冷，去掉鸡骨，改刀装盘呈宝塔形。
2. 用精盐、白糖、醋、花生酱、花椒粉、辣椒油、刀口辣椒、姜蒜末兑成麻辣味汁，浇于鸡肉上，撒上花生末、白芝麻即成。

操作要领：
煮鸡时间不宜太长，调味汁时要掌握好各种调料用量比例。

营养特点
本菜可调合脾胃、润肺化痰、滋养调气、清咽止疟等。

糖醋红曲排骨

主料： 猪排骨。

调料：

●红曲、白醋、料酒、精盐、白糖、大料、葱花、姜末、胡椒粉各适量。

制作过程：

1. 排骨洗净，剁成3厘米见方小块，倒入料酒、大料、姜末、精盐、胡椒粉，拌匀腌20分钟，入油锅中炸至五成熟捞出，入开水锅中漂去油质备用。

2. 锅加适量水上火，投入沥干水的排骨，加白糖、料酒、白醋、红曲，煮至烂熟，撒上葱花，用旺火将卤汁收干即可。

操作要领：

在洒料酒的时候，沿着锅边淋一圈，使酒香分布更均匀。

蒜泥白肉

主料： 猪肉。

调料：

●酱油、味精、紫皮大蒜、辣椒油、鲜汤各适量。

制作过程：

1. 将大蒜去皮，剁成蒜泥。

2. 将猪肉洗净，放入清水锅中烧开，煮熟后捞出，晾凉，切薄片，装盘。

3. 将鲜汤放入锅中烧开，然后放入酱油、蒜泥、味精、辣椒油；调匀，冷透后烧在肉片上即可。

操作要领：

猪肉需要冷却后再切片。

营养特点

此品具有补肾养血、滋阴润燥的功效。但由于猪肉中胆固醇含量偏高，因此肥胖人群及血脂较高者不宜多食。此外，食用猪肉后不宜大量饮茶。

夫妻肺片

主料：

牛心、牛舌、金钱肚。

调料：

● 香菜、卤水、鸡精、味精、白糖、辣椒油、花椒油各适量。

制作过程：

1. 牛心、牛舌、金钱肚汆水，用卤水卤熟，切成片，整齐摆于盘中。

2. 用卤水、鸡精、味精、白糖、辣椒油、花椒油调成味汁，淋于盘上，撒上香菜即可。

操作要领：

牛心、牛舌、金钱肚要洗净，切片要大而薄。卤水中的卤料不用太多，味道主要来源于辣椒油和花椒油。

营养特点

动物内脏含有丰富的铁、锌等微量元素和维生素 A、B_2、D 等，食用后能有效补充人体对这些物质的需求。

厨房小知识

烹调时，放酱油若错倒了食醋，可撒放少许小苏打，醋味即可消除。

黄瓜拌猪耳

主料：
猪耳、黄瓜。

调料：
●姜片、葱条、蒜末、朝天椒末、盐、白糖、味精、辣椒油、花椒油、卤水、老抽各适量。

制作过程：

1. 洗净的黄瓜用斜刀切薄片；洗净的猪耳氽去血水，捞出过水洗净。

2. 将卤水倒入净锅中，放入姜片、葱条，煮沸后放入猪耳，加入老抽、盐拌匀。

3. 小火将猪耳卤至熟透，关火，浸泡至入味，捞出；把猪耳切薄片，放入碗中。

4. 碗中倒入蒜末、朝天椒末、黄瓜、盐、白糖、味精、辣椒油、花椒油拌至入味，摆入盘中即可。

操作要领：
卤好的猪耳已有咸味，注意盐量的添加。

营养特点

猪耳含有蛋白质、脂肪、碳水化合物、维生素及钙、铁等，具有补虚损、健脾胃的功效，适用于气血虚损、身体瘦弱者食用。

泡凤爪

主料： 鸡爪、朝天椒。

调料：
● 泡椒汁、蒜头、香叶、桂皮、八角、花椒、盐、白醋、白酒、生抽、矿泉水各适量。

制作过程：

1. 将洗好的朝天椒拍扁；洗净的蒜头拍扁，备用。
2. 锅倒水，放入洗净的香叶、桂皮、八角、花椒，加盐、生抽，放入洗净的鸡爪。
3. 盖盖，大火烧开转小火再煮约15分钟至熟，揭盖，捞出鸡爪，去趾甲，对半切开。
4. 取干净的玻璃罐，放入朝天椒、蒜头、泡椒汁、白醋、矿泉水、白酒、盐拌匀。
5. 鸡爪入玻璃罐中，再放入剩余的蒜头、朝天椒，加盖置于阴凉处密封7天即可。

操作要领：

香料最好选用棉布袋包好后再入锅，这样可以减少锅中的残渣。

川味香肠

主料： 香肠。

调料：
● 葱花、蒜末、白醋、红油各适量。

制作过程：

1. 香肠洗净备用。
2. 蒸锅注水烧沸，将香肠入蒸锅中蒸熟后取出，斜刀切片摆于盘中。
3. 锅烧热，倒入红油、白醋、蒜末做成味汁，均匀地淋在香肠上，撒上葱花即可。

操作要领：

将腊肉先放进水里充分煮过，亚硝酸盐就会溶解在水中，我们吃起来也更安全。

营养特点

香肠可开胃助食，增进食欲。

米椒拌牛肚

主料： 牛肚条、泡小米椒。

调料：

● 蒜末、葱花、盐、鸡粉、辣椒油、料酒、生抽、芝麻油、花椒油各适量。

制作过程：

1. 锅中注入适量清水，烧开，放入牛肚条、料酒、生抽。
2. 加入盐、鸡粉，煮至牛肚条熟透，捞出，沥干水。
3. 将牛肚条装入碗中，加入泡小米椒、蒜末、葱花。
4. 放入盐、鸡粉、辣椒油、芝麻油、花椒油，拌匀。
5. 将拌好的牛肚条装入盘中即可。

操作要领：

泡小米椒可以切一下，味道会更浓郁。

营养特点

牛肚具有补益脾胃、补气养血、补虚益精、消渴、止风眩之功效。

辣拌羊肉

主料： 卤羊肉、红椒。

调料：

● 蒜末、葱花、盐、鸡粉、生抽、陈醋、芝麻油、辣椒油各适量。

制作过程：

1. 洗净的红椒切小段，切开，剔去籽，切成细丝，再改切丁；卤羊肉切成薄片。
2. 取一干净的小碗，倒入红椒、蒜末、葱花，放入辣椒油、芝麻油。
3. 加入盐、鸡粉，淋入适量生抽、陈醋，拌约半分钟，调制成味汁，待用。
4. 把切好的羊肉片盛放在盘中，摆放整齐，再均匀地浇上调好的味汁，摆好盘即成。

操作要领：

做羊肉时加点醋可祛除腥味。

香拌凉皮

主料：
凉皮。

调料：
●精盐、醋、白糖、红酱油、
香油、蒜泥、葱花各适量。

制作过程：
1. 凉皮切大片，摆于盘中。
2. 用精盐、醋、白糖、红酱油、香油、蒜泥兑成味汁，淋于凉皮上，撒上葱花即可。

操作要领：
凉皮片要切得厚薄均匀。

营养特点

冬天吃凉皮能保暖，夏天吃能消暑，春天吃能解乏，秋天吃能去湿，可谓四季皆宜、不可多得的天然绿色无公害食品。

笋丝折耳根

主料：
青笋、折耳根。

调料：
●红椒、蒜末、盐、食用油、味精、白糖、辣椒油、花椒油、芝麻油各适量。

制作过程：
1. 将折耳根洗净，切成段。
2. 青笋、红椒均洗净切丝。
3. 锅中注入水烧开，加入盐、食用油，倒入青笋丝，煮熟捞出。
4. 倒入折耳根段，煮熟捞出。
5. 折耳根段、青笋丝、蒜末、红椒丝装入碗中。
6. 放入适量盐、味精、白糖。
7. 加入少许辣椒油、花椒油。
8. 调入适量芝麻油拌匀即成。

操作要领：
折耳根需要将根部的老硬部分及根须掐除。

营养特点

折耳根清热解毒、利尿通淋，折耳根生吃可以调理各种细菌、病毒感染，如风热感冒、疱疹、泌尿系统感染等。

凉拌折耳根

主料： 折耳根、葱末、蒜末。

调料：
● 盐、鸡粉、白糖、生抽、陈醋、花椒油、油泼辣子各适量。

制作过程：
1. 择洗好的折耳根切成小段，倒入碗中。
2. 放入葱末、蒜末、盐、鸡粉、白糖、生抽、陈醋、花椒油、油泼辣子，搅拌匀，倒入盘中即可。

操作要领：
折耳根味较重，不喜者可氽道开水再食用。

营养特点

折耳根也叫鱼腥草，含有樟烯、月桂烯、柠檬烯、乙酸龙脑酯、丁香烯等成分，具有清热解毒、消肿疗疮、利尿除湿等功效。

酸辣腰花

主料： 猪腰。

调料：
● 蒜末、青椒末、红椒末、葱花、盐、味精、料酒、辣椒油、陈醋、白糖、生粉各适量。

制作过程：
1. 猪腰洗净切半，去筋膜，切花刀，改切片。
2. 将切好的腰花装入碗中，加入适量料酒、味精、盐。
3. 加入生粉，拌匀，腌渍10分钟。
4. 锅中加入清水烧开，倒入猪腰花片，煮约1分钟至熟。
5. 将猪腰花片捞出，盛入碗中。
6. 加入盐、味精，再加入辣椒油、陈醋。
7. 加入白糖、蒜末、葱花、青椒末、红椒末。
8. 将猪腰花片和调料拌匀，装入盘中即可。

操作要领：
腰花破开后里面白色的筋络是腥味的来源，必须彻底清除。

香菜拌冬笋

主料： 冬笋、香菜、胡萝卜丝。

调料：
● 蒜末、盐、味精、生抽、芝麻油、辣椒油各适量。

制作过程：

1. 将洗净的香菜切段；洗净的冬笋切成丝。
2. 锅中水烧开，加入盐、胡萝卜丝、冬笋丝煮约1分钟至断生，捞出。
3. 将胡萝卜丝、冬笋丝装入碗中，倒入切好的香菜段，加入盐、味精、生抽。
4. 加入芝麻油、辣椒油拌至入味，盛入盘中，撒上蒜末即可。

操作要领：

胡萝卜丝和冬笋丝焯水时间不宜过长，以免太熟。

营养特点

冬笋富含维生素C、胡萝卜素、矿物质等，与香菜一起食用可开胃醒脾。

葱油滑菇

主料： 滑菇。

调料：
● 葱油、精盐、味精、鸡精、葱花各适量。

制作过程：

1. 将鲜滑菇的冠状部切去洗净，入沸水锅汆熟，起锅沥干水。
2. 热锅下葱油，放入滑菇后，再投入其他调味品，炒好后起锅装盘，撒上葱花即可。

操作要领：

滑菇一定要用清水漂尽泥沙；炸时掌握好油温。

营养特点

滑菇富含蛋白质和多种氨基酸，能健脾胃、益肝强筋，并有抑制肿瘤的作用。

红椒银芽

主料： 黄豆芽、红椒。

调料：
●葱段、盐、味精、白糖、陈醋、芝麻油、食用油各适量。

制作过程：

1. 红椒洗净切开，去籽，切成丝。
2. 锅中加入水烧开，加少许食用油，倒入洗净的黄豆芽，加入红椒丝。
3. 加入葱段搅匀，煮片刻后，将材料捞出，装入碗中。
4. 加入盐、味精、白糖、陈醋、芝麻油，拌匀，盛出装入盘中即成。

操作要领：

煮黄豆芽时要把握好时间，既保证黄豆芽熟透，又不失其鲜嫩度。

麻辣香干

主料： 香干。

调料：
●红椒、葱花、盐、鸡粉、生抽、食用油、辣椒油、花椒油各适量。

制作过程：

1. 洗净的香干切1厘米厚片，再切条。
2. 洗净的红椒切开，去籽，切成丝。
3. 锅中加入清水烧开，加入少许食用油、盐、鸡粉。
4. 倒入香干条，煮约2分钟至熟捞出。
5. 将捞出的香干条装入碗中，加入切好的红椒丝。
6. 加入盐、鸡粉，再倒入辣椒油。
7. 淋入适量花椒油，加入少许生抽。
8. 撒上准备好的葱花，用筷子拌匀即可。

操作要领：

口感根据炸香干的时间长短，时间长则口感偏硬。

Part 2 麻辣鲜香 百菜百味

招牌川味家常菜之

热菜·畜肉篇

蚝油牛柳

主料：

牛柳、茶树菇、青红椒。

调料：

● a料：姜葱汁、料酒、盐、胡椒、鸡蛋清、干细淀粉各适量；

● b料：盐、白糖、味精、鸡精、胡椒、老抽、鲜汤、香油、水淀粉；

● 蚝油、姜片、葱节、蒜蓉、色拉油各适量。

制作过程：

1. 牛柳切片，入碗加 a 料拌匀，腌渍 15 分钟；青红椒切长条。

2. b 料入碗调匀成味汁。

3. 牛柳、茶树菇分别入热油锅过油打起。锅内留油少许，下蚝油、姜片、蒜蓉、葱节爆香，下牛柳、茶树菇、料酒炒匀，烹入 b 料，起锅装盘即成。

操作要领：

该菜也可选用牛里脊来制作。

营养特点

牛肉补气，功同黄芪。

开胃双椒牛腩

主料：
熟牛腩、青椒、红椒各适量。

调料：
●姜片、蒜末、葱白、辣椒酱、料酒、生抽、盐、鸡粉、水淀粉、食用油各适量。

制作过程：
1. 熟牛腩切成小块；洗净的红椒、青椒均切成圈，待用。
2. 用油起锅，倒入姜片、蒜末、葱白、熟牛腩，炒匀。
3. 加入辣椒酱、料酒、生抽、盐、鸡粉、清水，煮约1分钟。
4. 倒入青椒圈、红椒圈炒至断生，用水淀粉勾芡，盛出即成。

操作要领：
牛肉不宜炒太久，需用大火炒，不然易老。

营养特点
牛腩含有高质量的蛋白质，并含有全部种类的氨基酸，而且氨基酸的比例与人体蛋白质中各种氨基酸的比例一致，其所含的氨基酸比任何牲畜都高。此外，牛腩的脂肪含量很低，是潜在的抗氧化剂。

厨房小知识
在煎牛排或是烤牛肉时，留下一层薄薄的脂肪在肉上可防止肉汁的流失。

东坡肘子

主料: 猪肘子。

调料:

◉豆瓣酱、老姜、蒜、葱、醋、白糖、香油、老抽、盐、味精各适量。

制作过程:

1. 将猪肘放入沸水中去处血沫后捞出；将一半老姜和蒜分别剁末待用；另一半老姜拍破，取葱挽成结。
2. 将猪肘、葱结、拍破的老姜、汤一并放入大碗中，置于蒸锅中，用中火蒸约 1 小时后放老抽，续蒸至猪肘软烂时取出，摆放在盘子里。
3. 用姜末、蒜末、豆瓣酱、白糖、香油、味精、醋、鲜汤兑成味汁，均匀地浇在猪肘上面即成。

操作要领:

煨肘子时先用旺火烧沸，而后改微火，拣尽浮沫，肘子定会成形不烂。

合川肉片

主料: 猪腿肉、水发玉兰片、水发木耳。

调料:

●泡辣椒、姜、蒜、葱、盐、酱油、醋、糖、味精、料酒、豆粉、鸡蛋、精炼油各适量。

制作过程:

1. 猪肉切成片，加盐、料酒、鸡蛋、豆粉拌匀；水发玉兰片切成薄片；泡辣椒去籽切成菱形；姜、蒜切片，葱切成马耳朵形；用酱油、糖、醋、味精、水豆粉、鲜汤兑成味汁。
2. 炒锅放油烧热，下入肉片煎至呈金黄色时翻面，待两面都呈金黄色后，加入泡辣椒、姜、蒜、木耳、兰片、葱迅速炒几下，烹入味汁炒匀，起锅装盘即成。

操作要领:

肉片煎制时不宜油温过高，防止肉片表面变硬。

白玉烧排骨

主料： 猪仔排、山药。

调料： ● a料：盐、胡椒粉、料酒、姜、葱、水淀粉；
● b料：姜片、葱段、小米椒节、葱花、盐、胡椒、料酒、味精、鸡精、鲜汤、水淀粉、色拉油各适量。

制作过程：

1. 猪仔排剁成节，加入 a 料拌匀腌渍 1 小时，平铺于盘内入笼旺火蒸至断生。山药改刀成块。

2. 炒锅烧油至五成热，投入姜片、葱段爆香，掺入鲜汤，放入排骨和山药烧制，然后用盐、胡椒、料酒、味精、鸡精调味，最后用水淀粉将汤汁收浓起锅装盘即可。

操作要领：

排骨蒸制时不要蒸得过熟烂，以免烧制时散烂不成形。如果排骨蒸得过于软烂，烧时就先下山药，待山药要熟时再下排骨。

营养特点

山药含有黏液蛋白，有降低血糖的作用，可用于治疗糖尿病，是糖尿病人的食疗佳品。

川味粉蒸肉

主料： 猪肉、土豆、米粉。

调料：
● 盐、老抽、花椒面、辣椒面、胡椒粉、糖、葱段、姜、花椒各适量。

制作过程：

1. 猪肉洗净，切成长厚片；土豆切成块；葱切成花。

2. 猪肉中加入盐、老抽、花椒面、辣椒面、胡椒粉、糖，搅拌均匀。

3. 锅中加入少许油烧热，倒入米粉，加花椒炒至变成金黄色即可。

4. 将搅拌后的猪肉装入碗中，上面放入土豆、米粉，上蒸锅用大火蒸约 40 分钟，取出翻扣于盘中，撒下葱花即可。

操作要领：

猪肉中加入调料后，要搅拌均匀，确保肉质入味。

川辣红烧牛肉

主料：
卤牛肉、土豆。

调料：
●大葱、干辣椒、香叶、八角、蒜末、葱段、姜片、生抽、老抽、料酒、豆瓣酱、水淀粉、食用油各适量。

制作过程：
1. 将卤牛肉切小块；把洗净的大葱切段；洗好去皮的土豆切大块。
2. 热锅注油，倒入土豆，炸至金黄色，捞出，沥干油。
3. 锅底留油烧热，倒入干辣椒、香叶、八角、蒜末、姜片，炒香。
4. 放入卤牛肉、料酒、豆瓣酱、生抽、老抽、清水，煮至入味。
5. 倒入土豆、葱段，炒匀，续煮5分钟至食材熟透。
6. 拣出香叶、八角，加水淀粉炒匀即可。

操作要领：
炸土豆时油温不宜过高，以免炸焦。

营养特点
牛肉含有丰富的蛋白质和氨基酸等营养成分，比猪肉更接近人体需要，能提高机体抗病能力，对生长发育及术后、病后调养的人补充失血和修复组织等特别适宜。

厨房小知识
红烧牛肉时，可加少许雪里蕻，肉味鲜美。

蒜香牛蹄筋

主料：
熟牛筋。

调料：
●葱花、蒜末、红椒末、盐、味精、蒜油、生抽各适量。

制作过程：
1.将熟牛蹄筋切成块,放入碗中,加入盐,倒入味精。
2.放入准备好的蒜末、葱花、红椒末。
3.倒入适量的蒜油,用筷子将材料充分拌匀。
4.加入适量生抽,拌匀提味,盛出,装入盘中即成。

操作要领：
牛筋最好用高压锅压软或小火长时间焖煮,可以增加牛筋中蛋白质的吸收率,焖煮时加几个山楂,可以使牛筋变得更软烂。

营养特点

牛蹄筋中含有丰富的胶原蛋白,脂肪含量也比肥肉少,并且不含胆固醇,能增强细胞生理代谢,使皮肤更富有弹性和韧性,延缓皮肤衰老。

萝卜焖牛腩

主料： 白萝卜、牛腩。

调料：

● 生姜、八角、葱、花生油、盐、味精、蚝油、胡椒粉、湿生粉、麻油、绍酒各适量。

制作过程：

1. 白萝卜去皮切成块，牛腩切成块，生姜去皮切片，葱切段。
2. 锅加水烧开，下入牛腩、白萝卜，用中火煮去其中血水及苦味，捞起冲净。
3. 另烧锅下油，待油热时，放入姜片、八角、牛腩、白萝卜，攒入绍酒炒香，用中火焖30分钟至汁浓、牛腩烂熟时，下入湿生粉勾芡，淋入麻油即成。

操作要领：

牛腩要先去其血水，在焖的过程中，中途不能加汤或水，以免影响出品质量。

土豆烧牛肉

主料： 牛肉、土豆。

调料：

● 精炼油、郫县豆瓣、干辣椒节、整花椒、五香粉、味精、白糖、生姜、整大蒜、鸡精、精盐、糖色、香油、香菜、鲜汤各适量。

制作过程：

1. 牛肉用沸水汆去血水洗净，切成小方块；土豆削皮切滚刀块。
2. 锅置火上，下油加入豆瓣、整花椒、生姜翻炒，待豆瓣吐辣椒油出香味时掺入鲜汤烧开，捞去料渣，下牛肉、干辣椒节、整大蒜、五香粉、白糖、鸡精、精盐、少许糖色烧开，打去浮沫，移小火上慢火焖，至牛肉七成熟，再放土豆烧熟，然后用大火收汁，加味精、香油起锅即成。走菜时可加少许香菜。

操作要领：

烧此菜时汤汁要宽些，土豆下锅后要随时用炒勺轻轻推动，以免煳锅。

茄子焖牛腩

主料： 茄子、红椒、青椒、熟牛腩。

调料：
姜片、蒜末、葱段各少许，豆瓣酱、盐、鸡粉、老抽、料酒、生抽、水淀粉、食用油各适量。

制作过程：

1.将洗净去皮的茄子切丁；洗好的青、红椒均切丁；熟牛腩切小块。

2.茄子丁入油锅炸熟捞出；起油锅，爆香姜片、蒜末、葱段，倒入牛腩，炒匀，淋入料酒。

3.加入豆瓣酱、生抽、老抽，炒匀，注水，放入炸好的茄子，倒入红椒、青椒。

4.加入盐、鸡粉，炒匀，中火煮至入味，倒入水淀粉，炒至熟透、入味，盛出即成。

操作要领：

因为牛腩有筋，所以需长时间焖煮。

香辣牛腩煲

主料： 熟牛腩。

调料：
姜片、葱段、干辣椒、山楂干、冰糖、蒜头、草果、八角、盐、鸡粉、料酒、豆瓣酱、陈醋、辣椒油、水淀粉、食用油各适量。

制作过程：

1.熟牛腩切成块；蒜头洗净切成片。

2.热油炒香草果、八角、山楂干、姜片、蒜片，放入干辣椒、冰糖、牛腩块炒匀。

3.加入料酒、豆瓣酱、陈醋、水、盐、鸡粉、辣椒油，炒匀，小火焖15分钟。

4.至食材熟透，倒入水淀粉勾芡，将食材装入砂煲烧热，撒上葱段即可。

操作要领：

香料不宜过多，否则会抢了肉香味。

胡萝卜香味炖牛腩

主料：

牛腩、胡萝卜、红椒、青椒。

调料：

●姜片、蒜末、葱段、香叶各少许，水淀粉、料酒、豆瓣酱、生抽、食用油各适量。

制作过程：

1.洗净的胡萝卜切小块；牛腩切小块；洗好的青椒去籽，切小块；洗净的红椒去籽，切小块。

2.锅中注入食用油，放入香叶、蒜末、姜片、牛腩块，炒匀。

3.加入料酒、豆瓣酱、生抽、清水，炖1小时，放入胡萝卜块，焖10分钟。

4.放入青椒、红椒、水淀粉，拌匀，挑出香叶；盛出炒好的菜肴，放上葱段即可。

操作要领：

牛腩炖煮后会缩小，因此在切块时可以切得稍微大一些。

营养特点

牛腩的脂肪含量很低，是低脂的亚油酸的来源，还是潜在的抗氧化剂。

草菇炒牛肉

主料：
草菇、牛肉、洋葱、红彩椒。

调料：
●姜片少许，盐、鸡粉、胡椒粉、蚝油、生抽、料酒、水淀粉、食用油各适量。

制作过程：
1.洗净的洋葱切块；洗好的红彩椒切块；洗净的草菇切十字花刀，第二刀切开；洗好的牛肉切片，加食用油、盐、料酒、胡椒粉、水淀粉，腌渍入味。
2.沸水锅中倒入草菇，汆煮断生，捞出，沥干水分；再往锅中倒入牛肉，汆煮一会儿，捞出，沥干水分。
3.另起油锅，倒入姜片、洋葱、红彩椒、牛肉、草菇、生抽、蚝油，将食材炒熟，加清水、盐、鸡粉、水淀粉勾芡即可。

操作要领：
草菇一定要焯水，除去泥土腥味。

营养特点

草菇的营养价值非常高，含有丰富的维生素C，能够促进我们人体的新陈代谢，提高人体的免疫力，还能滋阴壮阳、消食去热、防止坏血病、增加乳汁、护肝健胃、促进伤口愈合，是优良的食药兼备的营养保健佳品。

厨房小知识

炒洋葱时，加少许葡萄酒，则不易炒焦。

川香肚丝

主料： 牛肚、青椒、红椒。

调料：

● 姜丝、葱白、蒜末各少许，盐、蚝油、料酒、味精、白糖、豆瓣酱、花椒油、食用油各适量。

制作过程：

1. 牛肚洗净切丝；洗净的青椒、红椒均切开，去籽切丝。
2. 用油起锅，放入备好的姜丝、蒜末、葱白，大火爆香。
3. 放入青椒丝、红椒丝、牛肚丝、料酒，炒匀。
4. 加入盐、味精、白糖、蚝油、豆瓣酱、花椒油，炒匀即可。

操作要领：

清洗牛肚时，加入面粉可以起到带去牛肚上脏物的作用，粗盐的颗粒亦有此作用。

香锅牛百叶

主料： 牛百叶、水发腐竹、水发笋干。

调料：

● 香菜、朝天椒、干辣椒、花椒、豆瓣酱、葱段、姜片各少许，盐、鸡粉、生抽、料酒、芝麻油、辣椒油、食用油各适量。

制作过程：

1. 腐竹泡好切段；笋干泡好切块；牛百叶洗净切块；朝天椒洗净切圈。
2. 笋干、牛百叶均汆水捞出；起油锅，爆香姜片，倒入豆瓣酱、花椒、朝天椒，拌匀。
3. 加入料酒、生抽、清水、笋干、腐竹，煮至熟软，加盐、鸡粉、牛百叶、香菜、芝麻油拌匀，装碗。
4. 放上葱段、花椒、干辣椒。起油锅，倒入辣椒油烧热，浇在菜肴上，再放上香菜点缀即可。

操作要领：

牛百叶不要焯烫太久，以免口感变老。

笋干烧牛肉

主料： 牛肉、水发笋干、蒜苗、干辣椒。

调料： ● 姜片少许，盐、鸡粉、白糖、胡椒粉、料酒、生抽、水淀粉、食用油各适量。

制作过程：

1. 泡好的笋干切块；蒜苗切段；牛肉切片。
2. 热水锅中倒入笋干，余煮一会儿，捞出，沥干水分。
3. 牛肉中加盐、鸡粉、料酒、胡椒粉、水淀粉，拌匀，腌渍 10 分钟。
4. 另起锅，注入油，倒入牛肉，滑油 2 分钟，捞出，沥干油。
5. 油爆干辣椒、姜片，倒入笋干炒熟，放入牛肉炒熟。
6. 加入生抽、盐、鸡粉、白糖、蒜苗，炒入味，用水淀粉勾芡即可。

操作要领：

滑过油的牛肉可用厨房纸吸去多余的油，减少油腻感。

双椒孜然爆牛肉

主料： 牛肉、青椒、红椒。

调料：
● 姜片、蒜末、葱段各少许，盐、鸡粉、食粉、生抽、水淀粉、孜然粉、食用油各适量。

制作过程：

1. 将洗净的青椒、红椒去籽，切小块；洗净的牛肉切片。
2. 热锅注油，倒入牛肉片，滑油约半分钟至变色，捞出，沥干油。
3. 锅底留油，倒入姜片、蒜末、葱段，爆香，放入青椒、红椒、牛肉、孜然粉，炒匀，加盐、鸡粉、生抽、水淀粉，炒匀即可。

操作要领：

炒牛肉的时候，先滑油再炒，可以让牛肉外焦里嫩。

尖椒炒羊肚

主料：
羊肚、青椒、红椒、胡萝卜。

调料：
●姜片、葱段、八角、桂皮各少许，盐、鸡粉、胡椒粉、水淀粉、料酒、食用油各适量。

制作过程：
1. 洗净去皮的胡萝卜切丝；红、青椒洗净切丝；沸水锅中倒羊肚、料酒，焯水捞出。
2. 另起锅注水，放入羊肚、葱段、八角、桂皮、料酒，略煮一会儿，捞出放凉，切丝。
3. 用油起锅，爆香姜片、葱段，倒入胡萝卜、青椒、红椒，炒匀，放入羊肚，炒匀。
4. 加入料酒、盐、鸡粉、胡椒粉、水淀粉，炒匀调味，盛出炒好的菜肴，装入盘中即可。

操作要领：
羊肚一定得清洗干净，去掉内膜，不可久炒，大火翻炒。

营养特点
羊肚补虚、健脾胃，可治虚劳羸瘦、不能饮食、消渴、盗汗、尿频。

辣子羊排

主料:

卤羊排、朝天椒末、熟白芝麻。

调料:

●姜片、葱段、花椒、盐、味精、生抽、生粉、料酒、辣椒油、花椒油、食用油各适量。

制作过程:

1.卤羊排洗净斩块,放入盘中,加入生抽、生粉抓匀后腌至入味。

2.将卤羊排块放入油锅,炸黄,捞出装盘。

3.起油锅,爆香葱姜、花椒、朝天椒末,放入卤羊排块,加入适量盐、味精、料酒、辣椒油、花椒油。

4.撒入葱叶炒匀,盛出炒好的羊排,装入盘中,撒上熟白芝麻即成。

操作要领:

羊排炸过后直接装盘备用。

营养特点

辣椒味辛、性热,入心、脾经,有温中散寒、开胃消食的功效。

厨房小知识

放有辣椒的菜太辣时或炒辣椒时加点醋,可使辣味大减。

蒜爆羊肉

主料： 羊里脊肉、蒜苗。

调料：

● 蒜片、姜片、红椒块、盐、味精、胡椒粉、鲜汤、料酒、豆粉、精炼油各适量。

制作过程：

1. 羊肉洗净切成薄片；蒜苗切成马耳朵形；用盐、味精、豆粉、胡椒粉、鲜汤兑成滋汁。

2. 锅内放入精炼油烧至六成热，迅速用盐、豆粉把羊肉片码匀，入锅炒散，加入蒜片、姜片、红椒块、料酒，下蒜苗炒到断生，烹入滋汁簸匀，起锅装盘即成。

操作要领：

羊肉下锅时，油温不能过高。羊肉不可提前码芡，码芡后应立即下锅。

营养特点

羊肉性温热，入脾、肾经，能助肾阳、祛虚寒、益气血、补虚强力，尤宜在冬季食用。

芹菜羊肉丝

主料： 羊里脊肉、芹菜。

调料：

● 泡椒、精盐、味精、白糖、醋、姜、蒜、料酒、水淀粉、精炼油各适量。

制作过程：

1. 羊肉切成粗丝，放盐、水淀粉拌匀，入油锅中滑熟；芹菜洗净，改刀成段。

2. 锅下油烧熟，再下泡椒、姜、蒜炒香，续下羊肉、芹菜翻炒，调入精盐、味精、白糖，烹入料酒，用水淀粉勾芡，滴入少许醋，起锅装盘即成。

操作要领：

羊肉入油锅中滑油时间不宜太长。

营养特点

芹菜有醒脑健神、润肺止咳、益肝清热、祛风利湿等功效。

葱爆羊肉

主料： 羊肉、大葱。

调料：

● 精盐、酱油、绍酒、味精、水淀粉、精炼油、香油、白醋、白糖各适量。

制作过程：

1. 羊肉切片，用酱油、味精、绍酒腌10分钟；蒜切成片；大葱洗净切成段。
2. 锅里加油烧热，倒入羊肉爆炒1分钟，盛出。
3. 炒锅里加油烧热，倒入蒜、大葱煸出香味，下入羊肉一同翻炒片刻，调入白醋、香油、白糖，用水淀粉勾薄芡，翻炒均匀后盛出即可。

操作要领：

羊肉爆炒一定要多油高温。

营养特点

羊肉性温，冬季常吃羊肉，不仅可以增加人体热量，抵御寒冷，而且还能增加消化酶，保护胃壁，修复胃黏膜，帮助脾胃消化，起到抗衰老的作用。

青笋烧羊肉

主料： 羊肉、青笋、青红椒。

调料：

● 姜片、葱段、胡椒粉、料酒、精盐、鲜汤、白糖、味精、香油、香料（山柰、八角、草果、白蔻）、精炼油各适量。

制作过程：

1. 羊肉洗净，投入加有葱段、姜片、香料、料酒的汤锅中，煮透捞出，切成块；青笋切块；青红椒洗净，切成块。
2. 锅中加入精炼油烧热，下入姜片、葱段炒香，掺鲜汤烧沸，捞去姜片、葱段，放入羊肉块、精盐、料酒、白糖，烧至羊肉快熟时，再加入青红椒、青笋烧至收汁，调入味精、胡椒粉，淋香油，起锅装盘即可。

操作要领：

烧制时注意掌握火候，火大则汤汁易干，肉不熟软；烧制青笋时应注意保持形状完整。

香菜炒羊肉

主料:

羊肉、香菜段、彩椒。

调料:

●姜片、蒜末、盐、鸡粉、胡椒粉、料酒、食用油各适量。

制作过程:

1.将洗净的彩椒切粗条；洗好的羊肉切片，再切成粗丝，备用。

2.用油起锅，放入姜片、蒜末，爆香，倒入羊肉，炒至变色，淋入料酒，炒匀提味，放入彩椒丝，用大火炒至变软。

3.加入盐、鸡粉、胡椒粉、香菜段，炒至其散出香味，盛出炒好的菜肴即成。

操作要领:

因为是爆炒，所以火候要大，速度要快，以防羊肉炒老。

营养特点

香菜营养丰富，水分含量很高，可达 90%；香菜内含维生素 C、胡萝卜素、维生素 B_1、维生素 B_2 等，同时还含有丰富的矿物质，如钙、铁、磷、镁等。香菜内还含有苹果酸钾等。

干锅羊排

主料：

卤羊排、洋葱、干辣椒。

调料：

●香菜、姜片、葱、盐、鸡粉、辣椒酱、料酒、味精、蚝油、食用油各适量。

制作过程：

1.将卤羊排斩成块；洋葱洗净切成丝。

2.起油锅，倒入洋葱丝炒熟，加盐、鸡粉炒匀，盛入干锅中垫底。

3.用油起锅，爆香姜片、葱白，加入辣椒酱、干辣椒炒香。

4.放卤羊排块、料酒、味精、蚝油、盐，炒匀，盛入干锅，撒上香菜。

操作要领：

先炒香姜、葱再放入羊排。

营养特点

羊肉具有温补作用，最宜在冬天食用。但羊肉性温热，常吃容易上火，因此吃羊肉时要搭配凉性和甘平性的蔬菜，能起到清凉、解毒、去火的作用。

板栗红烧肉

主料：
板栗、猪五花肉。

调料：
● 酱油、料酒各适量。

制作过程：

1.猪肉洗净，切成块，放入清水锅中汆去血污；板栗放入清水锅中，用小火煮10分钟左右捞出，去壳去皮。

2.锅内放入油烧热，放入猪肉炒干水分，加入酱油、料酒、清水，盖上锅盖烧1分钟，再放入板栗烧沸，改用小火烧至原料熟透时，以大火收汁后，出锅即可。

操作要领：

一定要将猪肉翻炒出油后，才可将板栗入锅，确保板栗能煮入味。

营养特点

板栗所含的多不饱和脂肪酸和维生素、矿物质，能防治高血压、冠心病、骨质疏松等疾病，是抗衰老、延年益寿的滋补佳品。

厨房小知识

做红烧肉前，先用少许硼砂把肉腌一下，烧出来的肉肥而不腻，甘香可口。

仔姜肉丝

主料：

猪里脊肉、仔姜。

调料：

●青红辣椒、盐、味精、水淀粉、香油、料酒、精炼油各适量。

制作过程：

1. 猪里脊肉切成丝，加入盐、水淀粉、料酒码入味；仔姜洗净，切成丝；青红辣椒切成圈。

2. 锅中加油烧热，下入肉丝翻炒至颜色微微发白时，下仔姜翻炒1分钟，再下青红辣椒圈稍炒，调入味精、香油炒匀，起锅装盘即可。

操作要领：

肉丝炒制前一定要码味充分，热锅快速翻炒确保肉丝出香。

营养特点

姜中所含的姜辣素和二苯基庚烷类化合物均具有很强的抗氧化和清除自由基、抑制肿瘤的作用，能抗衰老，老年人常吃生姜可除老人斑。

烂肉粉丝

主料： 猪肉末、粉丝。

调料：

●蒜、姜、葱、花椒、酱油、蚝油、鸡精、盐、精炼油各适量。

制作过程：

1. 粉丝用温热水泡软，淘净，沥干。
2. 锅中加油烧热，下入猪肉末炒干水分，加入姜片、蒜末、花椒炒香，再加入粉丝、清水，加盖焖2分钟，调入鸡精、蚝油、酱油、盐炒匀，起锅装盘，撒上葱花即可。

操作要领：

粉丝要泡软炒散，防止粉丝炒制时粘连。

营养特点

粉丝富含碳水化合物、膳食纤维、蛋白质、烟酸和钙、镁、铁、钾、磷、钠等矿物质。

腊肉脆花菜

主料： 腊肉、花菜干、蒜苗。

调料：

●红小米椒圈、盐、味精、豆瓣油各适量。

制作过程：

1. 腊肉入锅煮熟，取出切成片；花菜干用温热水浸泡至发透，捞起挤干水；蒜苗切成段。
2. 豆瓣油入锅烧热，下入腊肉片爆香，投入红小米椒、花菜干炒匀，放入盐、味精调好味，最后撒入蒜苗段炒匀，装入盘内即可。

操作要领：

豆瓣油是用豆瓣酱与色拉油炒制而成的油。

营养特点

腊肉具有开胃祛寒、消食等功效。

回锅肉

主料： 猪腿肉、蒜苗。

调料：

● 豆瓣酱、甜面酱、料酒、姜、葱、盐、酱油、白糖、味精、色拉油各适量。

制作过程：

1. 猪腿肉入加有姜、葱、料酒的沸水锅中煮断生，打起切成片；蒜苗切段。
2. 锅内烧油至五成热，下入肉片炒干水气，放入豆瓣酱、甜面酱、料酒炒香，调入盐、酱油、白糖，下蒜苗炒匀，起锅装入盘中即可。

操作要领：

肉不宜久煮，以刚断生为好。

营养特点

猪肉具有滋肝阴、润肌肤、利小便和止消渴的作用。

火爆肥肠

主料： 卤肥肠、青红椒、洋葱。

调料：

● 干辣椒、花椒、姜片、葱节、蒜片、盐、料酒、味精、香油、色拉油各适量。

制作过程：

1. 卤肥肠切成块；青红椒切菱形块；洋葱切块。
2. 色拉油入锅烧至五成热，下卤肥肠、料酒煸干水气，然后放入干辣椒、花椒、姜片、葱节、蒜片爆香，倒入青红椒、洋葱翻炒，调入盐、味精炒匀，最后淋入香油装入盘中即可。

操作要领：

肥肠可先入热油锅炸一遍再炒，这样可缩短烹制时间。

营养特点

肥肠有润燥、补虚、开胃等功效。

木耳肉片

主料：

猪瘦肉、木耳。

调料：

●辣酱、精盐、味精、葱、姜、酱油、水淀粉、食用油各少许。

制作过程：

1. 将瘦肉切薄片，加入酱油、水淀粉、盐拌匀待用；木耳用水泡发，去杂质洗净切块；姜剁末；葱切碎。

2. 锅内放油烧热，投入姜末煸炒，放入肉片炒至变色，加入木耳、盐、酱油、辣酱、味精同炒至熟，撒葱花出锅即成。

操作要领：

木耳一定要用凉水泡发，如果有洗米水更好；炒时要用大火。

营养特点

木耳富含碳水化合物、胶质、脑磷脂、纤维素、卵磷脂、胡萝卜素、维生素 B_1、维生素 B_2、维生素 C、蛋白质、铁、钙、磷等多种营养成分，被誉为"素中之荤"。

鱼香肉丝

主料：

猪里脊肉、水发木耳、红椒。

调料：

●泡红辣椒、葱、姜、蒜、盐、料酒、淀粉、蚝油、生抽、醋、白糖、精炼油各适量。

制作过程：

1.猪肉切丝，加少许盐、料酒、淀粉腌渍10分钟；水发木耳、红椒切丝；葱切节，姜、蒜均切片，泡红辣椒切末；用盐、淀粉、蚝油、生抽、醋、白糖、料酒调成味汁。

2.炒锅里加油烧热，放入泡红辣椒末、葱、姜、蒜炒香出色，加入肉丝炒至变白色时，加入红椒、木耳同炒片刻，烹入味汁炒匀，起锅装盘即可。

操作要领：

一定提前将味汁调好备用。在炒这个菜时，如果一点点去依次放调料，拖延了时间，肉丝口感不佳。

营养特点

猪肉含有丰富的优质蛋白质和必需的脂肪酸，并提供血红素（有机铁）和促进铁吸收的半胱氨酸，能改善缺铁性贫血，具有补肾养血、滋阴润燥的功效。黑木耳中铁的含量极为丰富，故常吃木耳能养血驻颜，令人肌肤红润、容光焕发，并可防治缺铁性贫血。

腊肉蒜薹

主料: 腊肉、蒜薹。

调料:
● 红辣椒粒、蒜片、姜片、水豆豉、精炼油、盐、味精、醋各适量。

制作过程:

1. 腊肉用温水洗净,入笼蒸30分钟取出,放凉,切成粗条;蒜薹切成段。

2. 炒锅加油烧热,下入蒜片、姜片、红辣椒、水豆豉炒香,加入腊肉、蒜薹,炒至蒜薹断生,调入醋、盐、味精调味,起锅盛入盘中即成。

操作要领:

腊肉要煮熟透,确保炒制时出油出香;腊肉炒制时间不宜过长,防止腊肉高温变硬。

营养特点

腊肉中磷、钾、钠的含量丰富,还含有脂肪、蛋白质、胆固醇、碳水化合物等元素。

滑炒肉片

主料: 猪瘦肉、胡萝卜、水发木耳。

调料:
● 蛋清、葱段、蒜片、姜片、精盐、醋、料酒、香油、味精、鲜汤、水豆粉、精炼油各适量。

制作过程:

1. 猪肉洗净切成薄片,用蛋清、水豆粉、精盐、料酒码味上浆;胡萝卜洗净,切成片;木耳洗净后撕成小片。

2. 锅中加入精炼油烧热,放入肉片滑散捞出。锅中留少许底油烧热,放入葱段、姜片、蒜片炒香,加入肉片、胡萝卜片、木耳,烹入醋、精盐、味精,注入鲜汤炒一会,用水豆粉勾芡,滴入少许香油推匀,起锅装盘即可。

操作要领:

猪肉片下锅滑油时,以七成热为宜。炒制时鲜汤要适量。

藕片炒肉片

主料： 莲藕、猪里脊肉、红椒。

调料：

●料酒、精盐、酱油、葱花、姜末、鸡精、花生油各适量。

制作过程：

1. 将藕去节去表皮，洗净，切薄片；猪肉洗净，切片。
2. 炒锅放油烧热，爆香葱花、姜末，投入肉片，烹入酱油炒片刻，加入料酒、精盐炒至肉片入味将熟时出锅。
3. 炒锅再放少许油，放入藕片、红椒炒匀，调入精盐炒至入味，再加入肉片同炒，最后调入鸡精翻匀出锅。

操作要领：

肉片不要太厚，莲藕也不要太厚，不然不容易炒熟。

五香粉蒸牛肉

主料： 牛肉、蒸肉米粉、蒜末、姜末、葱花。

调料：

●豆瓣酱、盐、料酒、生抽、食用油各适量。

制作过程：

1. 将洗净的牛肉切片，放入碗中，放入料酒、生抽、盐，撒上蒜末、姜末，倒入豆瓣酱，拌匀，加入蒸肉米粉，拌匀。
2. 注入食用油，拌匀，腌渍一会儿；再转到蒸盘中，摆好造型。
3. 备好电蒸锅，烧开水后放入蒸盘。
4. 盖上盖，蒸约15分钟，至食材熟透；揭盖，取出蒸盘，趁热撒上葱花即可。

营养特点

牛肉含有蛋白质、膳食纤维、胡萝卜素、钙、磷、钾、钠、镁、铁、铜等营养成分，具有补中益气、滋养脾胃、强健筋骨、化痰息风、止渴止涎等功效。

青椒豆豉盐煎肉

主料：
五花肉、青椒、红椒。

调料：
●豆豉、姜片、蒜末、葱段各少许，辣椒酱、老抽、料酒、生抽、食用油各适量。

制作过程：
1. 锅中注清水烧开，放入洗净的五花肉。
2. 煮至熟软，捞出煮好的五花肉，沥干水分。
3. 将洗净的青椒、红椒切圈，五花肉切薄片。
4. 用油起锅，倒入肉片、老抽、生抽、豆豉，炒匀。
5. 倒入姜片、蒜末、葱段、料酒、青椒、红椒，炒匀。
6. 加入辣椒酱炒入味，盛出炒好的菜肴，装盘即成。

操作要领：
豆豉有一定的咸味，因此烹调时没必要再放盐。

营养特点
青椒含有丰富的维生素 C。

青椒剔骨肉

主料：

熟猪脊骨、圆椒、红椒。

调料：

●姜片、花椒、蒜末、葱段、盐、鸡粉、料酒、生抽、番茄酱、食用油各适量。

制作过程：

1. 洗好的红椒切圈；洗净的圆椒切小块；用刀剔取脊骨上的肉。
2. 用油起锅，放入葱段、姜片、蒜末、花椒，爆香。
3. 倒入备好的圆椒、红椒，炒匀。
4. 放入脊骨肉、料酒、生抽、番茄酱、盐、鸡粉，炒匀，将炒好的菜肴盛出，装入盘中即可。

操作要领：

可以将带肉的骨头氽煮一下，剔肉时会更轻松。

营养特点

本菜可增强免疫力。

蒜薹炒肉丝

主料： 蒜薹、瘦肉、红椒。

调料：

● 生姜、植物油、精盐、味精、湿淀粉、麻油各适量。

制作过程：

1. 先将蒜薹洗净切成段；瘦肉、红椒洗净，分别切成丝。
2. 锅内烧油，下入生姜片、蒜薹，用中火炒至五成熟，再加入瘦肉丝、红椒丝炒熟。
3. 调入精盐、味精，下湿淀粉勾芡炒匀，淋入麻油，即可出锅。

操作要领：

整个炒菜过程要大火翻炒。

营养特点

此菜能杀菌、健胃、降压，对孕妇能起到预防疾病的作用。

水煮肉片

主料： 猪瘦肉、生菜。

调料：

● 鸡蛋清、香葱、生姜、大蒜、花椒、淀粉、干辣椒、精炼油、豆瓣酱、盐、味精各适量。

制作过程：

1. 瘦肉洗净后切成薄片，加入鸡蛋清、淀粉拌匀；生菜洗净；姜、蒜洗净切片；葱切成花；干辣椒切碎。
2. 锅中放油烧热，放入姜片、蒜片爆香，加少许盐、味精，把生菜炒至断生，盛入碗中。
3. 锅中加少许油烧热，下入干辣椒、花椒、豆瓣酱爆香，加入清水烧沸，放入肉片煮熟，起锅倒在生菜上，撒上葱花即可。

操作要领：

炸花椒、辣椒时，火力不要过大，以免炸糊影响成菜色泽。

小土豆烧排骨

主料： 猪排骨、小土豆。

调料：

●味精、鸡精、豆瓣、蒜米、姜米、泡椒末、精炼油各适量。

制作过程：

1.猪排骨砍成块，放入沸水中汆去血污；小土豆去皮。

2.锅中加入少许精炼油烧热，放入猪排骨、蒜米、姜米、豆瓣、泡椒末炒香，然后加入小土豆、清水、味精、鸡精，用小火煮熟透入味即成。

操作要领：

猪排一定要炒香，土豆不可太熟软。

营养特点

猪排骨提供人体生理活动必需的优质蛋白质、脂肪，尤其是丰富的钙质可维护骨骼健康，适宜于气血不足、阴虚纳差、湿热痰滞者。

咸烧白

主料： 猪五花肉、芽菜。

调料：

●姜、蒜、酱油、味精、鸡精、花椒油、老干妈油辣子各适量。

制作过程：

1.猪五花肉洗净，入沸水锅中煮断生，捞起沥干，用酱油抹肉皮上色；芽菜炒香。

2.锅中加入油烧六成热，下入上色后的五花肉炸至表面起小泡，然后用凉水浸泡。

3.将浸泡后的猪五花肉切成片，入锅中微炒至吐油。

4.猪肉片纳入盆内，加入酱油、味精、鸡精、油辣子、花椒油拌匀，扣于蒸碗内，芽菜放于上面，入蒸笼蒸约2小时即成。

操作要领：

猪肉片要切得均匀；肉片炒至吐油，不会那么油腻；蒸制时间要够，才会糯香宜人。

平菇肉片

主料： 鲜平菇、猪肉。

调料：

●葱、姜、红辣椒片、酱油、植物油、绍酒、胡椒粉、精盐、水淀粉各适量。

制作过程：

1. 先把平菇洗净，撕成大片，投入沸水中烫透，取出挤干水分；葱切小段，姜切片；将猪肉切片，以酱油、精盐、鸡精、绍酒、淀粉拌匀，备用。

2. 炒锅上火，放油烧热，将肉片入锅，滑油至变色后出锅。

3. 另起锅，放适量油烧热，放入葱、爆煸炒片刻，再放入猪肉片，加酱油、精盐、鸡精、胡椒粉和少许水炒匀。用小火烧5分钟转用大火，将汁收浓，下水淀粉勾芡，使汁均匀地挂在肉片和平菇上，即可出锅。

操作要领：

最后汁不要收得太干，汤汁浓稠，能挂在平菇上，更好吃。

葱爆羊肉卷

主料： 羊肉卷、大葱、香菜。

调料：

●料酒、生抽、盐、水淀粉、蚝油、鸡粉、食用油、胡椒粉各适量。

制作过程：

1. 洗净的羊肉卷切成片，再切成条；大葱切滚刀块。

2. 取一个碗，倒入羊肉，淋入料酒、适量生抽，放入胡椒粉、适量盐、水淀粉，搅拌匀，腌渍10分钟。

3. 热水锅，倒入腌渍好的羊肉，氽煮去杂质，捞出，沥干，待用。

4. 起油锅，倒入大葱、羊肉，翻炒出香味，放入蚝油、生抽，翻炒均匀；加入盐、鸡粉，快速翻炒至入味；再倒入香菜，翻炒片刻至熟，盛出，装盘即可。

操作要领：

氽煮羊肉的时候可以淋点料酒，口感会更鲜嫩。

Part 3

麻辣鲜香　百菜百味

招牌川味家常菜之

热菜·禽肉篇

重庆烧鸡公

主料:

公鸡、青椒、红椒、蒜头。

调料:

●葱段、姜片、蒜片、花椒、桂皮、八角、干辣椒各适量，豆瓣酱、盐、鸡粉、生抽、辣椒油、花椒油、食用油各适量。

制作过程:

1. 洗净的青椒、红椒去蒂，去籽，切段。
2. 宰杀处理干净的公鸡斩成小块，入开水锅中汆去血水，捞出待用。
3. 热锅注油，烧至四成热，倒入八角、桂皮、花椒，放入蒜头，炸出香味，倒入鸡块，翻炒均匀，加入姜片、蒜片、干辣椒、青红椒，翻炒匀。
4. 加豆瓣酱、盐、鸡粉、生抽、辣椒油、花椒油，炒匀调味，盛出放上葱段即成。

操作要领:

焯鸡块时还可以放入适量白酒，去除血腥味。

营养特点

本菜可开胃消食。

茶树菇炒鸡丝

主料：

茶树菇、鸡肉、红椒、青椒。

调料：

●鸡蛋清、葱段、蒜末、姜片、盐、料酒、白胡椒粉、水淀粉、鸡粉、白糖、食用油各适量。

制作过程：

1. 红椒切小条；青椒去籽，切小条；鸡肉切丝。
2. 鸡肉加盐、料酒、白胡椒粉、鸡蛋清、水淀粉、食用油，拌匀。
3. 锅中加清水、茶树菇，搅匀汆煮去除杂质。
4. 将茶树菇捞出，沥干水分。
5. 热锅注油，倒入鸡肉丝、姜片、蒜末、茶树菇、料酒、水。
6. 放盐、鸡粉、白糖、青椒、红椒、水淀粉、葱段炒熟即可。

操作要领：

鸡肉丝不宜炒制过久，以免炒老。

营养特点

本菜可增强免疫力。

葱椒鸡

主料： 土公鸡、洋葱、大蒜。

调料：
●花椒、豉油、姜、葱、精盐、卤汤各适量。

制作过程：

1. 将土公鸡洗净，去血污。洋葱切丝备用。
2. 调好卤汤，将鸡煮好，捞出，砍件，摆放于盘内，洋葱围边，花椒放在上面。
3. 走菜时淋入豉油，放入微波炉中叮出香味时取出即可。

操作要领：

必须选用土公鸡，煮时掌握好火候；应选用新鲜花椒，才有清香味浓的效果。

营养特点

此菜营养成分比较丰富，具有温中益气、补精添髓的功效。

葱烧鸡块

主料： 鸡肉、葱段。

调料：
●酱油、精盐、味精、白糖、料酒、姜、花椒、水淀粉、花生油各适量。

制作过程：

1. 将鸡肉切块，加入精盐、酱油、料酒、姜、花椒稍腌。
2. 炒锅上火，放入花生油烧至七成熟，放入鸡块炸至金黄色捞出；葱段入油过一下捞出。
3. 把鸡肉放入锅内加清水，放葱段、酱油、白糖、味精等调料烧开后，转微火烧煮，把鸡肉先盛入盘中，锅内原汁用少许水淀粉勾芡，淋在鸡肉上即成。

操作要领：

鸡块斩成3厘米见方为佳。

营养特点

鸡肉可温中、补精益髓、益气。

板栗烧鸡

主料： 鸡、板栗。

调料：

●豆瓣、老姜、大葱、白糖或冰糖、花椒、料酒、酱油、精盐、味精、八角、菜油各适量。

制作过程：

1.将鸡宰杀去内脏洗净，然后斩成长方块。板栗去壳，洗净待用。

2.锅置旺火下菜油烧热，将鸡块放入锅中爆炒，待鸡肉变色时，放料酒及姜块、豆瓣、花椒，炒至水分渐干，掺入适量水，放入少量盐、酱油、白糖、八角，加盖焖烧至七成熟。

3.最后加入板栗同烧15分钟左右，起锅时加入葱段及味精，有少量汤汁为宜。

操作要领：

烧栗子之前先把它焯水煮3～4分钟，再过油炸一下，更容易烧透和入味。

菠萝鸡

主料： 鸡胸肉、青红椒、菠萝。

调料：

●番茄酱、盐、白糖、料酒、黑胡椒、食用油各适量。

制作过程：

1.鸡胸肉切块，用料酒、黑胡椒和少量盐拌匀，腌30分钟；菠萝切块，泡在淡盐水里；青椒和红椒切小块。

2.锅里倒适量油烧热，放入鸡块炸至变色。

3.锅中放油适量，放入青红椒和鸡块快速翻炒后放入菠萝，再放入白糖、盐、番茄酱翻炒均匀即可。

操作要领：

菠萝应在鸡块断生后放入翻炒，避免菠萝受热过度。

营养特点

菠萝含有一种叫"菠萝朊酶"的物质，能分解蛋白质。

麻婆当家鸡

主料：
土公鸡、青笋。

调料：
●豆瓣酱、香辣酱、豆豉、蒜蓉、盐、白糖、味精、鲜汤、花椒油、红油、熟芝麻、葱段、香菜各适量。

制作过程：

1.土公鸡入汤锅煮熟，捞起晾凉后去大骨，片成片；青笋切成片，调入盐拌匀，码味5分钟，挤干水，放入碗中垫底，然后将鸡片铺于其上。

2.炒锅内烧油至五成热，放入豆瓣酱、香辣酱、豆豉炒香，起锅晾凉后入碗，加蒜蓉、盐、白糖、味精、鲜汤、花椒油、红油调匀成味汁，淋于鸡片上，撒上熟芝麻，摆上葱段、香菜即可。

操作要领：

豆瓣酱本身比较咸，所以盐可加少许，也可以不加。

营养特点

鸡肉有温中益气、补虚填精、健脾胃、活血脉、强筋骨的功效。

花椒鸡

主料：

仔鸡。

调料：

●a料：盐、胡椒、料酒、姜葱汁；

●花椒、盐、味精、香油、葱花、色拉油各适量。

制作过程：

1. 仔鸡剁成丁，入碗加a料拌匀码味15分钟。

2. 炒锅内烧油至五成热，投入仔鸡炸干水汽，打起沥尽油。

3. 炒锅内留油适量，放入花椒炒香，倒入鸡丁，下盐、味精炒匀，淋香油簸匀起锅装入盘内，撒上葱花即可。

操作要领：

该菜一定要将鸡肉的水汽炸干，否则风味尽失。

营养特点

花椒鸡味道麻辣咸香，做法简单，有开胃、活血化瘀的作用。

宫保鸡丁

主料： 鸡腿肉、盐酥花仁。

调料：

● 干辣椒节、花椒、姜片、蒜片、葱丁、盐、酱油、白糖、醋、味精、料酒、鲜汤、水淀粉、色拉油各适量。

制作过程：

1. 鸡腿肉剁成丁，装入碗中，加入盐、酱油、料酒、水淀粉码味上浆。
2. 盐、味精、酱油、醋、白糖、料酒、鲜汤、水淀粉入碗兑成味汁。
3. 炒锅上火，烧油至五成热，投入鸡丁炒散，再加入干辣椒、花椒、姜片、蒜片、葱丁炒出香味，然后烹入味汁，待收汁后，撒入盐酥花仁炒匀，起锅装入盘中即可。

操作要领：

醋与糖的用量体积之比为 1：1。

核桃青豆炒鸡丁

主料： 鸡脯肉、核桃仁、枸杞、鸡蛋、青豆。

调料：

● 花生油、精盐、料酒、胡椒粉、水淀粉、生姜、葱、香油、糖、鸡汤各适量。

制作过程：

1. 将核桃仁用开水泡发剥去皮；枸杞用温水洗净；生姜洗净切小片；葱切葱花；鸡蛋去黄留清；鸡肉洗净，切成 1 厘米见方的丁。
2. 鸡丁装碗中，用一半精盐、蛋清、水淀粉拌匀上浆；另一碗中放入味精、糖、胡椒粉、鸡汤、水淀粉，调成汁。
3. 把青豆煮熟。净锅置火上，放入花生油，待六成热时，放入核桃仁炸至微黄，及时捞起待用。
4. 把鸡丁倒入锅中，快速炒透，放入姜、葱、料酒，倒入调好的汁，随即入核桃仁、枸杞、青豆炒匀，淋入香油，即可装盘。

冬瓜烧鸡块

主料： 嫩冬瓜、光鸡。

调料：

●生姜、葱、花生油、盐、味精、白糖、蚝油、湿生粉、鸡汤、熟鸡油各适量。

制作过程：

1.嫩冬瓜去皮、去籽切块,光鸡砍成块,生姜去皮切片,葱切段。

2.烧锅加水，待水开时放入冬瓜煮片刻，倒出待用。

3.另烧锅下油，待油热时，下姜片、鸡块，炒至鸡块变白，下入冬瓜块，注入鸡汤，调入盐、味精、白糖、蚝油、葱段，用小火烧透入味，然后用湿生粉勾芡，淋入熟鸡油即成。

操作要领：

烧的过程中，不宜用大火，以免汤汁烧焦。

干煸鸡

●**主料：** 仔鸡、青尖椒。

调料：

●a料：盐、料酒；

●干辣椒、花椒、豆瓣酱、盐、白糖、料酒、姜片、葱段、味精、香油、色拉油各适量。

制作过程：

1.仔鸡剁成块,加入a料腌渍入味;青尖椒切滚刀块。

2.锅上火烧热油，下入仔鸡、料酒小火慢炒，待水气将干时，下入豆瓣酱、干辣椒、花椒、姜片、葱段、青尖椒块炒香，用盐、白糖、味精、香油调好味炒匀，起锅装入盘中即可。

操作要领：

仔鸡可以先下热油锅炸干水汽再煸炒，这样可以缩短烹制时间。

豆瓣酱烧鸡块

主料：
鸡肉块。

调料：
●葱结、蒜头、姜片、香叶、八角、盐、白糖各少许，料酒、生抽、豆瓣酱、食用油各适量。

制作过程：
1. 用油起锅，倒入洗净的鸡肉块，炒至其变色。
2. 放入香叶、八角，撒上姜片、蒜头，炒出香味。
3. 放料酒、生抽、豆瓣酱，炒香。
4. 加清水、盐、白糖、葱结，拌匀。
5. 盖上盖，烧开后转小火煮约20分钟，至鸡肉入味。
6. 炒至汤汁收浓，盛出菜肴，装入盘中即可。

操作要领：
菜肴出锅前可滴上少许芝麻油，味道会更香。

营养特点
本菜品可益气补血。

双椒鸡丝

主料：

鸡胸肉、青椒、彩椒、红小米椒。

调料：

●花椒、盐、鸡粉、胡椒粉、料酒、水淀粉、食用油各适量。

本菜可保肝护肾。

制作过程：

1. 青椒、彩椒切细丝；红小米椒切小段；鸡胸肉切细丝。
2. 鸡丝装碗中，加盐、料酒、水淀粉，拌匀。
3. 用油起锅，倒入鸡丝，炒匀。
4. 倒入花椒，炒出香味。
5. 放红小米椒、料酒、青椒丝、彩椒丝，炒至变软。
6. 加盐、鸡粉、胡椒粉、水淀粉调味，盛出即可。

操作要领：

腌渍鸡丝时可加入少许食用油，这样菜肴的口感更佳。

黄焖蘑菇鸡

主料： 仔公鸡肉、鲜蘑菇。

调料：

●蒜片、盐、味精、料酒、酱油、胡椒粉、水豆粉、
鲜汤、化猪油各适量。

制作过程：

1. 鸡肉洗净，斩成块；蘑菇洗净，用刀切成块。
2. 锅中放入化猪油烧热，下鸡肉块炒干水分，掺鲜
汤烧沸，撇尽浮沫之后，烹入料酒、盐、酱油，加盖
用小火焖至六成熟时，再加入蘑菇、蒜片焖烧至全熟，
调入胡椒粉、味精，用水豆粉勾薄芡，起锅装盘即成。

操作要领：

鸡肉不宜烧得过老，焖熟至能离骨即可。

营养特点

蘑菇性平味甘，含蛋白质、脂肪、多种氨基酸、多
种维生素，还有预防和辅助治疗癌症的功效。

口蘑烧鸡

主料： 土鸡肉、口蘑。

调料：

●鲜汤、姜片、葱节、精盐、味精、鸡精、胡椒粉、
料酒、食用油各适量。

制作过程：

1. 土鸡肉斩成块；口蘑煮熟待用。
2. 土鸡肉、姜片、葱节放入油锅内爆香，淋料酒，
掺入鲜汤，待烧沸后撇去浮沫，加盐、味精、鸡精、
胡椒粉、料酒等调好味，待鸡肉烧至半热时，下口
蘑续烧至鸡肉熟软离骨，改大火收汁起锅即成。

操作要领：

选用稍嫩的仔鸡作原料；制作时一次性将汤掺足，
中途不再添加。

苦笋滑鸡

主料： 土仔鸡、鲜苦笋。

调料：

●红辣椒、红苕粉、精盐、味精、料酒、姜、葱各适量。

制作过程：

1.将鸡宰杀，洗净，剁块，码味，入油锅炸至定型；
苦笋改块氽水；红辣椒切成粒。
2.炸好的鸡块中加入鲜汤、姜、葱吃味，入笼蒸半小时。
3.拣去姜、葱，加入苦笋同烧入味，加上红苕粉，
撒上少许红辣椒粒即成。

操作要领：

炸鸡时油温不要过高，苦笋要烧入味。

营养特点

鸡肉的蛋白质、氨基酸含量丰富，配以鲜苦笋食用
可强筋健骨、驱暑健胃。

芦荟鸡丝

主料： 熟鸡肉、芦荟。

调料：

●花椒、葱叶、盐、酱油、味精、鲜汤、香油各适量。

制作过程：

1.芦荟改成条，入沸水锅煮至熟，打起沥尽水晾凉，
装入盘中。
2.熟鸡肉切成丝，摆在芦荟上；花椒、葱叶用刀剁细，
制成椒麻。
3.椒麻入碗，加鲜汤调散，调入盐、酱油、味精、
香油搅匀，淋于鸡丝芦荟上即成。

操作要领：

不是所有的芦荟都能食用，要注意区分。

营养特点

芦荟是美容、减肥、防治便秘的佳品。

麻辣鸡翅

主料：

鸡翅。

调料：

●辣椒粉、蜂蜜、蒜汁、姜汁、盐、鸡粉、花椒粉、生抽、食用油各适量。

制作过程：

1. 洗净的鸡翅两面切上一字刀，装入碗中，倒入蒜汁和姜汁。
2. 加入盐、鸡粉、生抽、辣椒粉、花椒粉、食用油、蜂蜜腌渍 20 分钟至入味。
3. 取出烤盘，摆上锡纸，放上鸡翅，将烤盘放入烤箱中，关好箱门。
4. 将上火温度调至 220℃，再将下火温度调至 220℃，烤 20 分钟至熟，取出即可。

操作要领：

用牙签在鸡翅上扎一些小孔，腌制的鸡翅更入味。

营养特点

鸡翅看起来虽然没有多少肉，但是在软骨或骨头中，可摄取动物胶的结合组织，是含有大量的胶原及弹性蛋白的，对于血管、皮肤及内脏颇具效果。鸡翅内含有大量的维生素 A，远超过青椒。

香辣鸡翅

主料：

鸡翅、干辣椒。

调料：

●蒜末、葱花、盐、生抽、白糖、料酒、辣椒油、辣椒面、食用油各适量。

制作过程：

1.鸡翅装碗，加盐、生抽、白糖、料酒腌渍15分钟，入油锅炸至呈金黄色，捞出。

2.锅底留油烧热，爆香蒜末、干辣椒，放入炸好的鸡翅，淋入料酒，炒香。

3.加入生抽，炒匀，倒入辣椒面，炒香，淋入少许辣椒油，翻炒均匀。

4.加入盐，炒匀调味，撒上葱花，炒出葱香味，盛出炒好的鸡翅，装盘即可。

操作要领：

烹制鸡翅时，多用鸡膀（翅尖斩下，供煮汤用）。

营养特点

鸡翅含有可强健血管及皮肤的胶原及弹性蛋白等，对于血管、皮肤及内脏颇具效果。同时，鸡翅所含维生素 A，对视力、上皮组织及骨骼的发育、精子的生成和胎儿的生长发育都是必需的。

厨房小知识

鸡的肉质内含有谷氨酸钠，可以说是"自带味精"。烹调鲜鸡时只需放油、精盐、葱、姜、酱油等，味道就很鲜美了。

尖椒炒鸡心

主料：

鸡心、青椒、红椒。

调料：

●姜片、蒜末、葱段各少许，豆瓣酱、盐、鸡粉、料酒、生抽、水淀粉、食用油各适量。

营养特点

本菜可降低血脂。

制作过程：

1.青、红椒均洗净，切开去籽，改切小块；鸡心洗净切小块。

2.切好的鸡心装碗，加盐、鸡粉、2毫升料酒、水淀粉，拌匀，腌渍10分钟。

3.沸水锅中加油、青椒、红椒，煮至断生后捞出，再倒入鸡心至其断生，捞出。

4.起油锅，放入姜片、蒜末、葱段，用大火爆香。

5.放入鸡心，炒匀，再放入2毫升料酒、豆瓣酱、生抽，翻炒至散发出香辣味。

6.倒入红椒和青椒，炒匀，加入盐、鸡粉，炒匀调味，倒入水淀粉勾芡，盛出即成。

操作要领：

鸡心难入味，还会有特殊的味道，可以适当增加青椒的量，快火翻炒出辣味。

椒盐鸡中翅

主料：
鸡中翅、红椒。

调料：
●蒜末、葱花、盐、椒盐、鸡粉、料酒、生抽、白糖各适量。

制作过程：
1. 红椒洗净切粒；鸡中翅洗净装碗，加生抽、盐、鸡粉、白糖、料酒腌渍 15 分钟。
2. 炒锅注油，放入鸡中翅炸熟捞出；锅底留油，放入蒜末、葱花、红椒粒。
3. 加入椒盐，拌炒香，倒入鸡中翅，加入适量鸡粉。
4. 淋入料酒，拌炒均匀，把炒好的鸡中翅盛出装盘即可。

操作要领：
椒盐就是用花椒和盐炒制而成，可用超市中卖的瓶装椒盐来做。

营养特点

鸡翅富含脂肪，能提供人体必须的脂肪酸，促进脂溶性维生素的吸收，增加饱腹感。

三鲜炒鸡

主料：山药、青笋、胡萝卜、鸡胸脯肉。

调料：

●姜丝、花生油、精盐、湿淀粉、白糖、鸡精、香油各适量。

制作过程：

1. 山药、青笋、胡萝卜分别去皮洗净，切成细条；鸡肉洗净后切成细条，用少许精盐稍腌一下。

2. 锅放水上火烧开，下入山药、青笋、胡萝卜，用中火稍煮一下（约至六七成熟），捞出沥干水分。

3. 炒锅下油烧热，把姜丝、鸡肉下锅，快炒至鸡肉将熟时，加入山药、青笋、胡萝卜，调入精盐、白糖、鸡精，翻炒入味，用湿淀粉勾薄芡，淋入香油翻锅装盘。

操作要领：

准备一锅开水，洗净山药后，直接丢入水中烫煮一下，这样，山药皮基本熟了，原有的过敏源被破坏，再接触就不会过敏了。

香炒粒粒脆

主料：掌中宝、青红椒、生菜。

调料：

●精盐、味精、香辣酱、豆粉、香油、精炼油各适量。

制作过程：

1. 掌中宝洗净，放入沸水中煮熟，捞起晾干后拌上豆粉；青红椒切成节。

2. 锅中放入精炼油烧热，下入掌中宝炸至金黄色捞起，下青红椒。

3. 锅中留少许油，下入香辣酱炒香，调入精盐、味精、香油翻炒均匀，起锅装入垫有生菜的的盘中即可。

操作要领：

掌中宝拌豆粉一定要均匀；下油锅炸制时，油温不要太高。

银芽鸡丝

主料： 鸡脯肉、绿豆芽。

调料：

● 鸡蛋清、葱白丝、盐、料酒、味精、水豆粉、化猪油、鲜汤各适量。

制作过程：

1. 鸡脯肉洗净，切成细丝，加盐、料酒、蛋清、水豆粉码味上糊；绿豆芽摘去两头，洗净；用盐、料酒、味精、水豆粉、鲜汤兑成滋汁。

2. 炒锅中放入化猪油烧热，下鸡丝滑散，滗去多余的油后，再加入豆芽、葱白丝炒熟，烹入滋汁颠匀，待汁浓亮油时，起锅装盘即可。

操作要领：

鸡肉丝要切得粗细均匀，滑油时要用中油温，变色即可。

营养特点

绿豆芽含维生素C、胡萝卜素、尼克酸、碳水化合物、氨基酸等，性凉味甘，可"解酒毒热毒，利三焦"。

重庆芋儿鸡

主料： 小芋头、鸡肉块。

调料：

● 干辣椒、葱段、花椒、姜片、蒜末、盐、鸡粉、水淀粉、豆瓣酱、料酒、生抽、食用油各适量。

制作过程：

1. 锅中加清水、鸡肉块，汆去血水，捞出；热锅注油，倒入小芋头，炸至微黄色，捞出。

2. 锅底留油，放干辣椒、葱段、花椒、姜片、蒜末、鸡块、豆瓣酱、生抽、料酒，炒匀。

3. 加小芋头、清水、盐、鸡粉，炒匀至食材熟透，倒入水淀粉，炒片刻，使食材更入味，盛出锅中的食材，装入盘中即可。

操作要领：

只要芋头软了就可以起锅，用筷子戳一下，只要能戳透就证明芋头煮好了。

蜀香鸡

主料： 鸡翅根、青椒。

调料：

● 鸡蛋、干辣椒、花椒、蒜末、葱花、盐、鸡粉、豆瓣酱、辣椒酱、料酒、生抽、生粉、食用油各适量。

制作过程：

1. 将洗净的青椒切圈；洗好的鸡翅根斩成小块；鸡蛋打入碗中，搅散，制成蛋液。
2. 把鸡块装入碗中，倒入蛋液，加入盐、鸡粉、生粉，拌匀，腌渍约 10 分钟。
3. 热锅注油，倒入鸡块，炸约 1 分钟，捞出，沥干油。
4. 锅底留油，放蒜末、干辣椒、花椒、青椒圈、鸡块、料酒、豆瓣酱、生抽、辣椒酱、葱花炒匀即可。

厨房小知识

鸡翅一定要先小火（中火）转大火，不然鸡翅外边熟了，里面还是生的，越炸表皮就越焦。

红烧鸡翅

主料： 鸡翅、土豆。

调料：

● 姜片、葱段、干辣椒、盐、白糖、水淀粉、料酒、蚝油、糖色、豆瓣酱、辣椒油、花椒油、食用油各适量。

制作过程：

1. 鸡翅打花刀；土豆切块；鸡翅加盐、料酒、糖色腌渍片刻。
2. 用油起锅，倒入鸡翅略炸捞出；倒入土豆块，炸熟后捞出。
3. 锅底留油，放干辣椒、姜片、葱段、豆瓣酱、水、鸡翅、土豆炒匀焖熟。
4. 用盐、白糖、蚝油、水淀粉勾芡，放入辣椒油、花椒油、葱段，炒匀，盛出即可。

操作要领：

锅里放油烧热，油倒出去，重新放凉油，三四成热放入鸡翅，看边缘微黄晃动锅，用筷子翻面，煎到两面微黄即可。

小炒鸡爪

主料： 鸡爪。

调料：

●蒜苗、青椒、红椒、姜片、葱段、料酒、豆瓣酱、生抽、老抽、辣椒油、水淀粉、鸡粉、盐、食用油各适量。

制作过程：

1. 青椒洗净切段；红椒洗净切块；蒜苗洗净切段；鸡爪洗净切块，余水。
2. 用油起锅，放入姜片、葱段爆香，倒入鸡爪翻炒，淋入料酒，加入豆瓣酱、生抽、老抽，炒匀调味。
3. 加入少许清水，淋入辣椒油，小火焖至食材入味，再放入鸡粉、盐，炒匀。
4. 倒入青椒、红椒、蒜苗，炒匀，淋入水淀粉，快速翻炒匀，盛出即可。

操作要领：

煮鸡爪的时间可以随意，喜欢吃脆点的就少煮点时间，喜欢吃软烂的就多煮一会儿。

麻辣怪味鸡

主料： 鸡肉、红椒。

调料：

●蒜末、葱花、盐、鸡粉、生抽、辣椒油、料酒、生粉、花椒粉、辣椒粉、食用油各适量。

制作过程：

1. 洗净的红椒切开，再切成小块；洗好的鸡肉斩成小块。
2. 鸡肉用生抽、盐、鸡粉、料酒、生粉腌渍10分钟，入油锅炸熟，捞出。
3. 锅底留油，放入蒜末、红椒、鸡肉、花椒粉、辣椒粉、葱花，炒匀。
4. 加入盐、鸡粉、辣椒油，炒匀入味，盛出装盘即可。

操作要领：

鸡屁股是淋巴最集中的地方，也是储存细菌、病毒和致癌物质的仓库，不能作为原料而应弃掉。

香辣仔兔

主料：
仔兔肉、青红椒节。

调料：
●精盐、味精、葱段、姜片、蒜片、香油、白糖、料酒、精炼油、香辣酱各适量。

制作过程：

1.仔肉洗净，切成丁，加入精盐、料酒码味，待用。

2.锅中加入精炼油烧至七成油温，下入兔丁炸至皮酥起锅。

3.锅中留少许油，下入青红椒节，加入香辣酱、姜片、蒜片炒香，再加入兔肉丁、白糖，烹入料酒颠匀，淋香油起锅，装盘即可。

操作要领：

兔肉丁要码入味，炸制一定要掌握好油温。

营养特点

兔肉富含大脑和其他器官发育不可缺少的卵磷脂，有健脑益智的功效。

厨房小知识

兔肉肉质细嫩，肉中几乎没有筋络，所以不加水干炒就可以很容易炒熟。放凉后再吃，风味更佳。

泉水兔

主料： 鲜兔肉、青菜头。

调料：

●姜末、蒜末、葱花、精盐、绍酒、味精、鸡精、糖、胡椒粉、蚝油、酱油、香油、鲜汤、色拉油各适量。

制作过程：

1 将青菜头洗净，放入沸水锅中煮至断生，捞出沥水，放入碗中垫底（菜头向外）备用。

2.将鲜兔肉洗净，斩成块，用精盐、绍酒码味待用。

3.炒锅置火上，倒入色拉油烧至五成热，下入姜末、蒜末炒香出味，再放入兔肉煸香，然后注入鲜汤，放入调料，烧沸后转小火烧至肉酥入味、汤汁浓厚时，起锅装入青菜头的碗中，再撒入葱花、胡椒粉即成。

操作要领：

水焖兔肉的时候不要焖太久，兔肉本身易熟，煮久了肉就老了。

营养特点

兔肉脂肪含量低，远低于猪肉、牛肉、羊肉。

干豇豆芝麻香兔

主料： 仔兔、干豇豆。

调料：

●芝麻、精炼油、辣椒粉、精盐、味精各适量。

制作过程：

1.将仔兔砍成 1 厘米见方的块，码味、码芡，下油锅烧至断生待用。

2.把豆瓣、姜、蒜炒香去渣后，放入已经泡发过的干豇豆和兔丁，烧入味后勾芡起锅。

3.在兔肉上撒一层芝麻、葱花、花生仁即可。

操作要领：

干豇豆要发软；芝麻不能炒过火；起锅时芡不能勾得太浓。

营养特点

兔肉是食品中的上品，味辛性平，食之补中益气。

香辣仔兔

主料： 仔兔、青笋、黄瓜、香菜。

调料：
- a 料：盐、姜葱汁、胡椒粉、白糖、料酒；
- 香辣酱、干辣椒、花椒、熟大蒜、盐、味精、香油、色拉油、熟芝麻各适量。

制作过程：

1. 仔兔剁成块放入盆内，加入 a 料拌匀，腌渍约 30 分钟。青笋、黄瓜分别切成节。
2. 炒锅上火，烧油至五成热，下入仔兔炸至干香，起锅沥尽油备用。
3. 锅内留油少许，投入香辣酱、干辣椒、花椒、熟大蒜炒香，下仔兔、黄瓜、青笋炒匀，放入盐、味精、香油调好味，撒熟芝麻炒匀起锅装入锅仔中，撒上香菜即可。

操作要领：

香料不要炒太久，不然太抢味。

泡椒仔兔

主料： 仔兔肉、泡红椒。

调料：
- 精盐、味精、泡姜、葱节、料酒、糖、红油、香油、淀粉、精炼油各适量。

制作过程：

1. 将兔肉洗净，斩成小块，放入清水中浸泡出血水，捞出沥干，用盐、料酒、淀粉码味；泡红椒去蒂、去籽。
2. 锅中放入精炼油，烧至六成热，放入兔块滑断生，捞出。
3. 锅留少许底油，下泡椒、姜炒香，再下兔块、料酒、糖烧熟，加味精、红油、香油、葱节，勾薄芡起锅装盘即成。

操作要领：

兔肉码味时可加泡打粉，以保肉质鲜嫩；油温不宜过高。

辣炒鸭舌

主料：

鸭舌、青椒、红椒。

调料：

● 姜末、蒜末、葱段、料酒、生抽、生粉、豆瓣酱、食用油各适量。

制作过程：

1. 洗净的红椒去籽，切小块；洗好的青椒去籽，切小块。

2. 锅中注水烧开，倒入鸭舌、料酒，汆去血水，捞出，沥干水分；将鸭舌装入碗中，放入生抽、生粉，拌匀。

3. 热锅注油，倒入鸭舌，炸至金黄色，捞出，沥干油。

4. 用油起锅，放姜末、蒜末、葱段、青椒、红椒、鸭舌、豆瓣酱、生抽、料酒，将炒好的菜肴盛出，装碗中即可。

操作要领：

炸鸭舌时，最好分开放入，以免粘连。

营养特点

鸭舌即鸭的舌头，肉嫩鲜美，含有对人体生长发育有重要作用的磷脂类，对神经系统和身体发育有重要作用，对老年人智力衰退有一定的预防作用。

厨房小知识

感冒时不宜食用鸭肉，感冒后应食辛散发表食物，而鸭肉滋补，会使感冒数天不愈。

泡椒炒鸭肉

主料：

鸭肉、灯笼泡椒、泡小米椒。

调料：

● 姜片、蒜末、葱段、豆瓣酱、盐、鸡粉、生抽、料酒、水淀粉、食用油各适量。

制作过程：

1.将灯笼泡椒切小块；泡小米椒切小段；鸭肉切小块。

2.加生抽、盐、鸡粉、料酒、水淀粉，拌匀。

3.锅中注水烧开，倒入鸭肉块，搅匀，煮约1分钟。

4.捞出鸭肉，沥干水分。

5.油起锅，放鸭肉块、蒜末、姜片、葱段、料酒、生抽炒匀。

6.加泡小米椒、灯笼泡椒、豆瓣酱、鸡粉、清水、水淀粉，炒匀即可。

操作要领：

将切好的灯笼泡椒和泡小米椒浸入清水中泡一会儿再使用，辛辣的味道会减轻一些。

营养特点

常食本菜可降低血脂。

厨房小知识

鸭肉忌杨梅，食则中毒。

山药酱焖鸭

主料：

鸭肉块、山药。

调料：

● 黄豆酱、姜片、葱段、桂皮、八角、盐、鸡粉、白糖、水淀粉、绍兴黄酒、生抽、食用油各适量。

制作过程：

1. 将去皮洗净的山药切滚刀块。

2. 锅中注入清水烧开，倒入洗净的鸭肉块，煮约 2 分钟，汆去血渍，捞出，沥干水分。

3. 用油起锅，倒入八角、桂皮、姜片、鸭肉块、黄豆酱，炒匀。

4. 加入生抽、绍兴黄酒、清水、盐、山药，煮至食材熟透，放入鸡粉、白糖、葱段、水淀粉炒匀，盛出焖好的菜肴，装入盘中即可。

操作要领：

汆煮鸭肉时，淋入少许料酒，能减轻其腥味。

营养特点

本菜可保肝护肾。

厨房小知识

鹅、鸭肉忌与鸡蛋同食，否则会大伤元气。

仔姜煸鸭丝

主料： 卤鸭、仔姜、水发茶树菇、青红椒。

调料：
● 盐、料酒、味精、香油、色拉油各适量。

制作过程：
1. 仔姜、卤鸭、青红椒分别切成丝；水发茶树菇挤干水，切成段。
2. 色拉油入锅烧热，投入卤鸭丝煸干水气，依次放入仔姜丝、茶树菇、青红椒炒匀，用盐、味精调好味，淋入香油簸匀起锅，装入盘内即可。

操作要领：
也可用腊板鸭制作该菜。

营养特点
鸭肉具有滋阴补虚、利尿消肿之功效。

蒜香鸭块

主料： 鸭块、黑蒜。

调料：
● 干辣椒、葱段、盐、鸡粉、料酒、生抽、水淀粉、食用油各适量。

制作过程：
1. 沸水锅中倒入洗净的鸭块，汆煮一会儿至去除血水及脏污，捞出，沥干水分。
2. 另起锅注油，倒入鸭块、黑蒜、干辣椒，将食材炒香。
3. 加入料酒、生抽、清水、盐，炒匀，焖20分钟至熟软入味，放入鸡粉、水淀粉、葱段，炒匀，盛出菜肴，装盘即可。

操作要领：
鸭块凉水下锅一定要煮几分钟，去掉血沫；鸭子不好熟透，可以多焖一会。

生炒鸭丁

主料： 光鸭、鲜木耳、红椒、生姜。

调料：

●葱、花生油、盐、味精、胡椒粉、绍酒、湿生粉、麻油各适量。

制作过程：

1. 光鸭起肉切丁，鲜木耳切丁，红椒去籽切丁，生姜去皮切小片，葱切段。

2. 鸭肉调入少许盐、味精、绍酒、湿生粉腌好，再用锅加油，滑炒至八成熟倒出待用。

3. 洗净锅，烧热下油，加入姜片、红椒片、木耳丁、葱、翻炒几下，加入鸭丁，调入剩下的盐、味精、胡椒粉，炒透入味，再用湿生粉勾芡，淋入麻油即成。

操作要领：

鸭肉要瘦点，在炒时要适当掌握火候，不能炒得过老。

营养特点

鸭肉含蛋白质、脂肪、维生素及各种矿物质。

泡子姜烧鸭

主料： 仔土鸭、泡子姜。

调料：

●花椒、八角、豆粉、精炼油、葱段、姜片、料酒、白糖、酱油、精盐、味精各适量。

制作过程：

1. 土鸭处理干净，从背部剖开，斩去大骨洗净，用精盐、酱油、料酒腌15分钟；泡子姜切成菱形。

2. 锅放入精炼油烧至七成热，放进鸭块炸至金黄色时捞出。

3. 锅中留油少许，下葱段、姜片略炒，放入鸭、料酒、白糖、精盐、味精，加清水烧沸，去浮沫，下泡子姜、花椒、八角，用小火烧至鸭肉熟而离骨，捞出入盘。汁水去渣，用豆粉勾芡，浇于鸭身即可。

操作要领：

腌鸭时酱油要少，以免下油锅时发黑；鸭形完整上桌，肉要焖熟。

椒盐鸭舌

主料：

鸭舌、青椒、红椒。

调料：

●蒜末、辣椒粉、花椒粉、葱花、盐、鸡粉、生抽、生粉、料酒各适量。

制作过程：

1.洗净的红椒去籽，切粒；洗好的青椒去籽，切粒。

2.锅中加清水、鸭舌、料酒、盐，余去血水，捞出，沥干水分；将鸭舌装入碗中，放入生抽、生粉，拌匀。

3.热锅注油，倒入鸭舌，炸至金黄色，捞出，沥干油。

4.锅底留油，放蒜末、葱花爆香，倒入辣椒粉、花椒粉、红椒、青椒、盐、鸡粉、鸭舌炒匀，盛出即可。

操作要领：

炸鸭舌时油温不要太低，以免炸老了。

营养特点

本菜开胃消食。

厨房小知识

鳖肉与鸭肉相克，同食会便秘。

Part 4 　麻辣鲜香　百菜百味

招牌川味家常菜之

热菜·水产篇

蒜蓉粉丝蒸扇贝

主料：

扇贝、粉丝、豉汁。

调料：

●白糖、蒜蓉、姜末、葱花、精盐、熟油各适量。

制作过程：

1.粉丝剪断，用热水泡软；用小刀把扇贝肉贝壳上剔下，留用，扇贝壳排入大盘中。

2.将白糖、豉汁、蒜蓉、姜末、精盐放入一小碗中，拌匀待用。

3.把粉丝均匀地放在贝壳上，然后依次放入扇贝肉，淋入拌好的调料，上笼用大火蒸6分钟取出，撒上葱花，浇上少许熟油即成。

操作要领：

贝类本身极富鲜味，烹制时千万不要加鸡精，也不宜多放精盐，以免失去鲜味。贝类中的泥肠不宜食用。

营养特点

扇贝等贝类食物中含有蛋白质、脂肪、碳水化合物、维生素A及钙、钾、铁、镁、硒等多种矿物质，能极佳地降低血清胆固醇，补脑安神，食用后感觉清爽宜人，有益于解除烦恼和压力。学生在复习备考及考试前适量摄入，可提高大脑的活动效率，激发敏锐思维，及时消除不良的情绪。

酸菜剁椒小黄鱼

主料：

小黄鱼、酸菜、剁椒。

调料：

●姜片、蒜末、葱段、豆瓣酱、盐、鸡粉、生粉、生抽、料酒、水淀粉、食用油各适量。

制作过程：

1.酸菜洗净切碎；小黄鱼洗净，加盐、鸡粉、生抽、料酒、生粉腌渍。

2.小黄鱼下入油锅炸至金黄色后捞出。

3.锅留油，爆香葱段、姜片、蒜末、剁椒、酸菜，加入豆瓣、鸡粉、盐、料酒、清水、小黄鱼煮入味。

4.将鱼盛出，汤汁加水淀粉调成浓汁，浇在黄鱼身上即可。

操作要领：

烧制过程一直不盖锅盖能有效蒸发掉鱼腥味。

营养特点

剁椒含丰富的蛋白质和多种微量元素，色、香、味俱全，为纯天然绿色食品，有着"辣口不辣心，含火不上火"的美誉。

小炒海参

主料： 水发海参、青尖椒、芽菜。

调料：
● 酱油、味精、鸡精、姜蒜片、蚝油、高汤各适量。

制作过程：

1. 海参洗净，片成片，焯一水。青尖椒切圈。
2. 海参用高汤、蚝油、味精、盐煨制。
3. 锅中放入鸡油烧热，下姜蒜片、青椒圈、芽菜煸炒，再加入煨制后的海参，加入酱油、味精、鸡精、胡椒翻炒一会，起锅即可。

操作要领：

海参要煨入味；炒时应急火快炒。

营养特点

海参的营养价值较高，对高血压、高脂血症和冠心病患者尤为适宜。

干烧辽参

主料： 水发辽参、猪碎肉、冬笋、水发香菇、泡辣椒茸、芽菜。

调料：
● 醪糟汁、酱油、料酒、盐、味精、糖、葱花、姜米、蒜米、鲜汤、香油、色拉油各适量。

制作过程：

1. 水发辽参入汤锅，加姜、葱、料酒焯一水起锅连汤装入盆内；冬笋、水发香菇切成丁，入沸水锅焯一水打起。
2. 锅内烧油至五成热，下猪碎肉、盐炒至酥香，放少许酱油起锅，装入碗内待用。
3. 炒锅置旺火上，放入油烧至四成热，放人泡辣椒茸、姜米、蒜米炒香，掺入鲜汤，调入盐、酱油、白糖、醪糟汁，放入辽参、冬笋、水发香菇烧沸后，加芽菜、肉末同烧。待汁干亮油时，加味精、香油，撒入葱花起锅，装入盘内即成。

米椒小炒蛙

主料：牛蛙、红小米椒。

调料：●a料：盐、胡椒、料酒、姜葱汁、水淀粉；

●b料：盐、白糖、味精、鲜汤、水淀粉；

●泡椒茸、姜米、蒜米、葱花、色拉油各适量。

制作过程：

1. 牛蛙剁成丁，入碗加a料拌匀码味10分钟；红小米椒切成短节。

2. 锅内烧油至四成热，放入牛蛙滑散，倒入漏瓢内沥净油。b料入碗调匀成味汁。

3. 色拉油入锅，下泡椒茸、姜米、蒜米爆香，下入牛蛙、红小米椒炒匀，烹入兑好的味汁，待收汁后起锅装入盘内，撒上葱花即成。

操作要领：

牛蛙若码味时汁水过多，可加入适量干细淀粉。

营养特点

牛蛙有滋补解毒的功效，消化功能差或胃酸过多的患者最宜吃牛蛙。

姜葱牛蛙

主料：牛蛙、青红椒。

调料：

●a料：盐、胡椒、料酒、姜葱汁；

●葱段、姜片、盐、味精、干细淀粉、香油、色拉油各适量。

制作过程：

1. 牛蛙剁成块，入盆加a料拌匀码味30分钟，取出在牛蛙扑上适量干细淀粉；青红椒切成菱形块。

2. 牛蛙放入六成热油锅中炸至色泽金黄干香打起。

3. 炒锅上火，烧油至五成热，下入葱段、姜片爆香，倒入牛蛙、青红椒块炒匀，下盐、味精调好味，淋香油簸匀起锅装入盘内即可。

操作要领：

牛蛙是一种高蛋白、低脂肪、低胆固醇的营养食品，适量食用有促进气血旺盛、滋阴壮阳的功效。

水煮鱼片

主料：

草鱼、花椒、干辣椒、姜片、蒜片、葱白、黄豆芽、葱花。

调料：

●盐、鸡粉、水淀粉、辣椒油、郫县豆瓣、料酒、花椒油、胡椒粉、花椒粉、食用油各适量。

制作过程：

1. 草鱼切块，取鱼骨，将鱼肉切片。
2. 鱼骨中加入盐、鸡粉、胡椒粉腌渍。
3. 鱼肉片中加入盐、鸡粉、水淀粉、胡椒粉、食用油腌渍。
4. 用食用油起锅，爆香姜片、蒜片、葱白、干辣椒、花椒。
5. 加入鱼骨、料酒、水、辣椒油、花椒油、郫县豆瓣煮片刻。
6. 加入盐、鸡粉调味，放入黄豆芽煮熟，捞出铺在碗底。
7. 放入鱼肉片煮 1 分钟，盛入碗中。
8. 撒上葱花、花椒粉，浇上热油即成。

操作要领：

在勾兑味汤时，煮好后要捞出香料和清除残渣再使用。

营养特点

黄豆芽含有丰富的维生素，春天多吃些黄豆芽可以有效地防治维生素 B_2 缺乏症。豆芽中所含的维生素 E 能保护皮肤和毛细血管，防止动脉硬化，防治老年高血压。另外，黄豆芽含有维生素 C，是美容食品。

酸菜小黄鱼

主料:

黄鱼、灯笼椒、酸菜。

调料:

●姜片、蒜末、葱、生抽、生粉、豆瓣酱、盐、鸡粉、辣椒油、食用油各适量。

制作过程:

1.酸菜剁碎;灯笼椒切小块;处理干净的黄鱼装盘,加入盐、生抽、生粉,抹匀。

2.热锅注油,放入黄鱼炸至金黄色,捞出;锅底留油,放入蒜末、姜片,爆香。

3.倒入酸菜,炒匀,放入灯笼椒,翻炒匀,加入清水、豆瓣酱、盐、鸡粉,炒匀调味。

4.淋入辣椒油,翻炒匀,煮至沸,放入黄鱼,煮至入味,盛出装入盘中,放入葱段即可。

操作要领:

用油煎小黄鱼,油量需多一些,以免将黄鱼肉煎散,煎的时间也不宜过长。

营养特点

黄鱼含有丰富的蛋白质、矿物质和维生素,对人体有很好的补益作用,对体质虚弱和中老年人来说,食用黄鱼会收到很好的食疗效果。黄鱼含有丰富的微量元素硒,能清除人体代谢产生的自由基,能延缓衰老,并对各种癌症有防治功效。

川式椒盐虾

主料： 基围虾、香辣酥。

调料：
- a料：青椒粒、红椒粒、洋葱粒、蒜蓉、辣椒面；
- 盐、味精、香油、干细淀粉、香菜、色拉油。

制作过程：

1. 基围虾入盆喂养，使其吐净泥沙。
2. 将基围虾扑上干细淀粉，入六成热油锅，炸至酥香捞起。
3. 锅内留油少许，投入a料炒香，放入虾、香辣酥，调入盐、味精、鸡精、香油炒匀，起锅装于盘内，撒上香菜即可。

操作要领：

炸虾时，高油温下锅，中油温浸炸。

营养特点

虾的营养丰富，含钙、磷、钾等营养成份，有增强免疫力，补肾状阳的作用。

玉米烩虾仁

主料： 虾仁、嫩玉米、青豌豆、西红柿。

调料：
- 鲜汤、豆粉、精炼油、精盐、味精、胡椒粉各适量。

制作过程：

1. 虾仁用盐、豆粉码芡，入精炼油锅中滑散；西红柿切成粒。
2. 锅中留余油，下嫩玉米、青豌豆略炒，掺鲜汤，再放入虾仁、西红柿粒，加盐、味精、胡椒粉调味，用水豆粉勾芡，起锅即成。

操作要领：

虾仁一定要码好芡，不宜过厚或过薄；下油锅的油温和时间应掌握好。

冬菜蒸银鳕鱼

主料： 鳕鱼、冬菜。

调料：

● 姜、葱、料酒、盐、胡椒、料酒、味精、蒜蓉、葱花、红椒粒、色拉油各适量。

制作过程：

1. 鳕鱼切厚片，入盆加盐、胡椒、料酒、姜、葱拌匀，腌渍 1 小时。
2. 冬菜洗净，切碎，加盐、胡椒、蒜蓉、味精拌匀。
3. 鳕鱼放入盘内，盖上调好味的冬菜上笼蒸熟，取出撒上葱花、红椒粒，用热油烫香即可。

操作要领：

鳕鱼肉质细嫩，旺火蒸 7 ～ 8 分钟即可。

营养特点

鳕鱼具有高营养、低胆固醇、易于被人体吸收等优点。

大蒜烧鲶鱼

主料： 鲶鱼、独大蒜。

调料：

● 泡辣椒段、葱段、姜片、姜米、蒜米、盐、白糖、醋、酱油、味精、胡椒粉、料酒、鲜汤、水淀粉、色拉油各适量。

制作过程：

1. 鲶鱼宰杀洗净，放入碗中，加入盐、料酒、胡椒粉、姜片及适量葱段拌匀，码味 15 分钟。
2. 码好味的鲶鱼放入六成热的油锅中，炸至表面水气，待色泽浅黄时打起；独大蒜入沸水锅中煮至断生。
3. 炒锅上火，下油烧热，放入泡椒段、葱段、姜米、蒜米炒出香味，掺入鲜汤，放入鲶鱼，下白糖、酱油、料酒、盐、胡椒粉调好味，待鲶鱼断生时，下入煮好的独大蒜，继续用中小火烧至鲶鱼熟软，捞起鲶鱼装入盘中。锅内汤汁用水淀粉勾好芡，待汁浓稠后加入醋、味精炒匀，起锅浇于烧好的鱼上即可。

豆豉小米椒蒸鳕鱼

主料：
鳕鱼肉、豆豉、小米椒。

调料：
●姜末、蒜末、葱花、盐、料酒、
蒸鱼豉油、食用油各适量。

营养特点

本菜可益气补血。

制作过程：

1.将洗净的鳕鱼肉装入蒸盘中，用盐和料酒抹匀
两面。

2.撒上姜末，放入洗净的豆豉，倒入蒜末、小米椒，
待用。

3.备好电蒸锅，烧开水后放入蒸盘。

4.盖上盖，蒸约8分钟，至食材熟透。

5.断电后揭开盖，取出蒸盘。

6.撒上葱花，浇上适量热油，淋入蒸鱼豉油即可。

操作要领：

鳕鱼肉上要切上几处花刀，蒸的时候更易入味；腌
渍的时候可以加入柠檬汁，去腥味。

红烧黄鳝

主料：

鳝鱼、青笋。

调料：

●红椒、姜片、蒜末、葱段、豆瓣酱、辣椒酱、盐、料酒、水淀粉、生抽、食用油、鸡粉各适量。

制作过程：

1. 去皮洗好的青笋切薄片；洗净的红椒切开，去籽切段；宰杀洗净的鳝鱼切小段。
2. 沸水锅中淋入5毫升料酒，倒入鳝鱼汆水捞出；起油锅，爆香姜片、蒜末、葱段。
3. 倒入青笋片、红椒、鳝鱼，炒匀，放入5毫升料酒、豆瓣酱、鸡粉、生抽，翻炒片刻。
4. 加入辣椒酱，翻炒至入味，倒入少许水淀粉，翻炒均匀，盛出装入盘中即可。

操作要领：

鳝鱼身上的黏液一定要去除干净，否则会使成菜汤汁混浊，影响美观。用开水烫最省力，并有助于去腥味，使烧制过程中鳝鱼酥而不烂。

营养特点

黄鳝富含蛋白质，具有维持钾钠平衡、消除水肿、提高免疫力、调低血压、缓冲贫血、有利于生长发育等功效。其富含胆固醇，可维持细胞的稳定性，增加血管壁柔韧性，维持正常性功能，增加免疫力。

合炒虾仁

主料： 鲜百合、虾仁、青椒片、甜椒片。

调料：

●姜蒜片、马耳朵葱、精盐、味精、料酒、胡椒粉、干豆粉、鸡蛋清、鲜汤、水豆粉、精炼油各适量。

制作过程：

1. 百合洗净，切成菱形片；虾仁加盐、料酒码味；鸡蛋清加干豆粉搅成蛋清豆粉；碗内放盐、味精、胡椒粉、鲜汤、水豆粉调成滋汁。

2. 锅置火上，下油烧至四成热，放入裹上蛋清豆粉的虾仁，待滑散时捞出；锅留少许底油，放姜蒜片、百合略炒，加入虾仁、青椒、甜椒、马耳朵葱炒匀，烹入调好的滋汁，淋明油，起锅装盘即成。

操作要领：

鲜百合应先焯断生；滑炒虾仁时要掌握好油温。

香辣蟹火锅

主料： 螃蟹、姜片、葱段、香菜。

调料：

●豆瓣酱、熟白芝麻、朝天椒段、花椒粒、八角、桂皮、盐、鸡粉、胡椒粉各适量。

制作过程：

1. 起油锅，倒入备好的香料、豆瓣酱，爆香；倒入螃蟹、朝天椒段，加入葱段、姜片，炒匀。

2. 加入适量的清水，拌匀，煮至沸腾。

3. 加盖，大火煮开后转小火煮10分钟；揭盖，加盐、鸡粉、胡椒粉，拌匀入味；盛入电火锅中，撒上熟白芝麻，放上香菜即可食用。

操作要领：

螃蟹在食用时一定要去除蟹心，以免影响健康。

营养特点

芝麻含有糖类、维生素 A、维生素 E、卵磷脂、钙、铁、铬等成分，具有延缓衰老、美容养颜等功效。

宫保虾仁

主料： 虾仁、青尖椒、盐酥花仁。

调料： ●a料：盐、胡椒、姜葱汁、蛋清、干细淀粉；
●干辣椒节、花椒、姜片、蒜片、葱丁、盐、酱油、
白糖、醋、味精、料酒、鲜汤、水淀粉、色拉油各适量。

制作过程：

1. 虾仁挤干水入碗，加入a料拌匀码味上浆；青尖椒
切成节。

2. 盐、味精、酱油、醋、白糖、料酒、鲜汤、水淀粉
入碗兑成味汁。

3. 炒锅上火，烧油至四成热，下入虾仁滑散，滗去油，
下干辣椒、花椒、姜片、蒜片、葱丁、青尖椒节炒出
香味，然后烹入味汁，待收汁后，撒入花仁炒匀，起
锅装入盘中即可。

操作要领：

虾仁滑油时，油温不能过高，以免下锅虾仁成团而
滑不散。

冬菜蒸多宝鱼

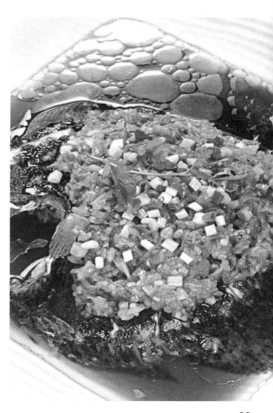

主料： 多宝鱼、青红椒粒、冬菜粒。

调料：
●葱花、精盐、味精、精炼油各适量。

制作过程：

1. 将鱼杀好洗净后装入盘中，入蒸箱蒸6~7分钟
取出。

2. 锅中加入精炼油烧热，放入冬菜炒香，再加少量
清水、精盐、味精，起锅倒在多宝鱼上，撒上青红
椒粒、葱花，淋上热精炼油即可。

操作要领：

鱼一定不要蒸过火，否则鱼肉过老；冬菜一定要
炒香。

沸腾虾

主料：

基围虾、干辣椒、花椒。

调料：

●蒜末、姜片、葱段各少许，盐、味精、鸡粉、辣椒油、豆瓣酱、食用油各适量。

制作过程：

1. 将已洗净的虾切去头须、虾脚。

2. 用油起锅，倒入蒜末、姜片、葱段，加入干辣椒、花椒，爆香。

3. 加入豆瓣酱炒匀，倒入适量清水，放入辣椒油，再加入盐、味精、鸡粉，调味。

4. 倒入虾，约煮 1 分钟至熟，快速翻炒片刻，盛出装盘即可。

操作要领：

把虾头剪掉，把虾背剪开，剥壳去虾线，保留虾尾。

营养特点

虾的营养极为丰富，所含蛋白质是鱼、蛋、奶的几倍到几十倍；还含有丰富的钾、碘、镁、磷等矿物质及维生素 A、氨茶碱等成分。其肉质和鱼一样松软，易消化，不失为老年人食用的营养佳品，对健康极有裨益，对身体虚弱以及病后需要调养的人也是极好的食物。

爆炒鳝鱼

主料：

鳝鱼、蒜苗、青椒、红椒。

调料：

●干辣椒、姜片、蒜末、葱白
各少许，盐、豆瓣酱、辣椒酱、
鸡粉、生粉、水淀粉、料酒、
生抽、老抽、食用油各适量。

制作过程：

1.青椒、红椒均洗净切片；蒜苗洗净切段；鳝鱼洗
净切段，装碗待用。

2.鳝鱼加盐、料酒、生粉腌渍入味，入沸水锅中氽
水捞出。

3.热油爆香姜片、蒜末、葱白、干辣椒，放入洗净
切好的食材。

4.加料酒、盐、鸡粉、豆瓣酱、辣椒酱、生抽、老抽、
水淀粉炒匀，盛出即可。

操作要领：

鳝鱼要用活的，死鳝鱼身体会分解出有毒的物质，
食后会中毒。

营养特点

鳝鱼的食疗进补作用与功效：补虚损、祛风湿、强筋骨，主治脾虚血亏、腹冷肠鸣、
下痢脓血或产后恶露淋漓不净、身体赢瘦痔瘘等。

家常豆瓣鱼

主料： 草鱼。

调料： ●豆瓣、姜、葱、姜米、蒜米、葱花、盐、酱油、料酒、味精、白糖、胡椒、鲜汤、水淀粉、干细淀粉、色拉油各适量。

制作过程：

1. 草鱼宰杀后剞上花刀，入盆加盐、料酒、姜、葱、胡椒抹匀内外码味 15 分钟，扑上一层干细淀粉。
2. 草鱼放入七成热的油锅中炸至表皮色黄时捞起装入盘中。豆瓣剁细。
3. 豆瓣、姜米、蒜米入四成热油锅炒香，掺鲜汤，调入盐、白糖、酱油、胡椒粉烧沸，下入水淀粉勾芡，待收汁亮油后，下味精炒匀，起锅浇于炸好的鱼身上，撒上葱花即可。

操作要领：

白糖起合味的作用，用量不可过大。

红烧带鱼

主料： 带鱼。

调料：

●葱、姜、干椒、蒜、黄酒、酱油、色拉油、白糖各适量。

制作过程：

1. 带鱼去头尾洗净，沥干水分，切段，用黄酒、酱油浸泡。
2. 用姜擦锅，放入油烧热，投入鱼段煎焦黄，倒入浸鱼的汁。
3. 加入糖、葱、干椒丝小火烧熟，撒芝麻盛出即成。

操作要领：

煎带鱼时，一定要先煎好一面再翻面，否则容易把带鱼皮粘在锅上。

麻辣香水鱼

主料： 草鱼、豆芽。

调料： ●a料：盐、胡椒、料酒、姜葱汁、蛋清淀粉；
●干辣椒、花椒、盐、胡椒、味精、香油、鲜汤、葱花、老油各适量。

制作过程：

1.草鱼宰杀后，取肉切成片，加入a料拌匀码味5分钟；鱼头、骨放入鲜汤锅内熬成鱼汤。

2.豆芽洗净，装入盆内；鱼汤调入盐、胡椒、味精，烧沸后放入鱼片煮熟，起锅装入垫有豆芽的盆内。

3.干辣椒、花椒入老油中炝香，淋入香油，连同油倒在鱼片上，最后撒上葱花即成。

操作要领：

豆芽也可入汤锅焯水后再装入盆内。

营养特点

草鱼含有丰富的不饱和脂肪酸，对血液循环有利，是心血管病人的良好食物。

家常耗儿鱼

主料： 耗儿鱼、泡萝卜、野山椒、青红尖椒、芽菜。

调料：

●豆瓣酱、姜米、熟大蒜、盐、酱油、味精、白糖、鲜汤、水淀粉、色拉油各适量。

制作过程：

1.泡萝卜切成丁；野山椒切短节；青红尖椒切节。

2.锅内放油适量，烧至五成热，放入豆瓣酱、姜米、熟大蒜、泡萝卜、芽菜、野山椒炒至油红，掺入鲜汤，调入盐、酱油、白糖，下耗儿鱼烧至七成熟，放入青红尖椒烧入味，下味精，用水淀粉收浓芡汁，起锅装于盘中。

操作要领：

耗儿鱼也可先在油锅中炸一遍再烧。

午煸鱿鱼丝

主料:

鱿鱼、猪肉、青椒、红椒。

调料:

●蒜末、干辣椒、葱花、盐、鸡粉、料酒、生抽、辣椒油、豆瓣酱、食用油各适量。

制作过程:

1. 猪肉入沸水锅中煮去多余油脂，捞出切条；青、红椒均切圈；鱿鱼切条。

2. 鱿鱼装碗，加盐、鸡粉、料酒腌渍，再入沸水锅中煮至变色，捞出。

3. 起油锅，炒香猪肉条，放入生抽、干辣椒、蒜末、豆瓣酱、红椒、青椒、鱿鱼丝。

4. 放入盐、鸡粉、辣椒油，炒匀调味，倒入葱花，炒匀，盛出装入碗中即可。

操作要领:

炒鱿鱼丝的时候用铲子按压，更入味。

营养特点

本菜益气补血。

麻辣水煮花蛤

主料：

花蛤蜊、豆芽、黄瓜、芦笋、青椒、红椒、去皮竹笋。

调料：

●辣椒粉、干辣椒、花椒、香菜、豆瓣酱、姜片、葱段、蒜片、鸡粉、生抽、料酒、食用油各适量。

制作过程：

1.红椒、青椒均洗净切圈；竹笋洗净切片；黄瓜洗净去籽，切厚片；芦笋洗净切段。

2.起油锅，加蒜片、姜片、花椒、干辣椒、豆瓣酱、辣椒粉，炒匀，注水。

3.加入蛤蜊、鸡粉、生抽、料酒煮沸，捞出装碗；竹笋、豆芽、黄瓜、芦笋焯水装碗。

4.碗中依次放入青椒、红椒、汤汁、香菜、葱段、辣椒粉。

5.起油锅，倒入剩余的花椒、干辣椒稍煮，盛出，浇在花蛤蜊上，放上香菜叶即可。

操作要领：

竹笋事先要焯水再煮，这样更易煮熟。

营养特点

花蛤肉味鲜美、营养丰富，蛋白质含量高，氨基酸的种类组成及配比合理，脂肪含量低，不饱和脂肪酸较高，易被人体消化吸收，还有各种维生素和药用成分。

辣味芹菜鱿鱼须

主料： 鱿鱼须、芹菜、干辣椒、花椒、姜片、蒜末。

调料：

●盐、鸡粉、料酒、豆瓣酱、水淀粉、食用油各适量。

制作过程：

1. 将洗净的芹菜、鱿鱼须切段。
2. 热水锅，倒入鱿鱼须，拌匀，余去腥味，捞出，沥干，待用。
3. 起油锅，倒入干辣椒、花椒、姜片、蒜末，爆香，倒入芹菜段，炒至变软，放入鱿鱼须，炒匀。
4. 淋入少许料酒，加入豆瓣酱，炒香调味；放入适量盐、鸡粉，炒匀调味；倒入适量水淀粉，翻炒均匀，至其入味，盛出即可。

操作要领：

鱿鱼须余水时间不宜太长，以免炒的时候变老。

双鲜烧鳜鱼

主料： 鳜鱼、黄嫩玉米粒、松子仁。

调料：

●精盐、味精、料酒、鸡蛋清、鸡清汤、葱花、色拉油、干淀粉、湿淀粉各适量。

制作过程：

1. 将鳜鱼杀洗干净后去掉皮骨，将净鱼肉切成豌豆般大小均匀的鱼粒，洗净沥去水分，加入精盐、味精、鸡蛋清、料酒、干淀粉拌匀待用。
2. 玉米粒焯水后沥干水分；松子仁下锅用温油炸熟，捞出沥油；取炒锅上火烧热，放入色拉油，烧至四成热时，将鱼粒下锅滑油至熟后捞出沥油。
3. 原锅留少许油，下入葱花略煸，加入黄嫩玉米、料酒、鸡清汤烧沸，用湿淀粉勾薄芡，倒入鱼粒、松子仁炒匀，至收汁盘。

糖醋鱼块

主料： 草鱼。

调料： ●葱节、姜片、蒜片、番茄酱、醋、白糖、酱油、干面粉、淀粉、料酒、盐、味精、面粉、精炼油、胡萝卜丝、香菜各适量。

制作过程：

1. 草鱼剖杀后去鳞内脏洗净，去骨切成块，加少许料酒、盐、葱、姜腌渍20分钟，拍上干面粉；用醋、味精、酱油、白糖、淀粉、清水搅拌均匀成糖醋汁。

2. 炒锅中放油烧热，放入鱼块炸至两面金黄后出锅待用。

3. 锅留少许油烧热，加入番茄酱翻炒出香，再放入鱼块，烹入调好的糖醋汁炒匀，出锅装盘，撒上胡萝卜丝、香菜即可。

操作要领：

鱼块一定要低温入锅炸制，确保鱼肉不因温度过热而绵软。

四季豆烧鲢

主料： 鲢鱼、四季豆。

调料：

●泡椒节、山椒水、精盐、鸡精、植物奶（如豆奶、杏仁奶、大麦奶粉）、精炼油、鲜汤各适量。

制作过程：

1. 鲢鱼洗净，切块后用精盐码味，过油备用；四季豆洗净，焯熟待用。

2. 鲜汤入锅烧沸，加入鱼块、四季豆同烧，再加入山椒水、泡椒节、盐、鸡精，起锅装盘，放植物奶即可。

操作要领：

四季豆要烧熟，鱼肉要烧入味。

营养特点

鲢鱼味甘、性温，可温中益气，四季豆含丰富的维生素和矿物质，两者互补，更加营养可口。

麻辣豆腐鱼

主料:
鲫鱼、豆腐。

调料:
●醪糟汁、干辣椒、花椒、姜片、蒜末、葱花、盐、郫县豆瓣、胡椒粉、老抽、生抽、陈醋、水淀粉、花椒油、食用油各适量。

制作过程:
1.豆腐洗净后切开,再改切成小方块,备用;鲫鱼洗净。
2.用油起锅,放入鲫鱼,小火煎至两面断生。
3.放入干辣椒、花椒、姜片、蒜末,炒出香味。
4.倒入醪糟汁,加入水,加入少许郫县豆瓣、生抽、盐调味。
5.淋入花椒油,拌匀,放入豆腐块,用中火煮至熟。
6.淋上陈醋,小火焖煮约5分钟至鲫鱼肉熟软,盛出。
7.锅留汤汁烧热,淋入老抽,加入水淀粉勾芡成味汁。
8.味汁盛出,浇在鲫鱼身上,撒上葱花、胡椒粉即可。

操作要领:
鱼用盐和料酒腌渍入味和去腥。

营养特点

豆腐营养丰富,含有铁、钙、磷、镁等人体必需的多种微量元素,还含有糖类、植物油和丰富的优质蛋白,素有"植物肉"之美称。豆腐的消化吸收率达95%以上。

爆炒蛏子

主料：
蛏子、青椒片。

调料：
●姜片、干辣椒段、花椒、蒜末、豆瓣酱、料酒、盐、味精、蚝油、水淀粉、芝麻油、食用油各适量。

制作过程：
1. 蛏子洗净，放入沸水锅汆煮至熟后捞出，待凉后清理干净。
2. 起油锅，爆香蒜末、姜片，放入豆瓣酱、干辣椒段、花椒，煸炒香。
3. 倒入蛏子，淋入料酒，爆炒，注水煮沸，加盐、味精、蚝油，炒匀入味。
4. 倒入青椒片炒至熟，用水淀粉勾芡，淋入芝麻油炒匀，盛入盘中即成。

操作要领：
洗蛏子就用原来的汆水，不需要再用流水，尽量保留鲜度。

营养特点

中医认为，蛏子肉味甘、咸，性寒，有清热解毒、补阴除烦、益肾利水、清胃治痢、产后补虚等功效。蛏子富含碘和硒，是甲状腺功能亢进病人、孕妇、老年人良好的保健食品。还含有锌和锰，常食蛏子有益于脑的营养补充，有健脑益智的作用。医学工作者还发现，蛏子对因放射疗法、化学疗法后产生的口干烦热等症有一定的疗效。

酸辣鳝丝

主料： 鳝片、水发粉丝、香菜。

调料：

● 泡辣椒、豆瓣酱、姜米、蒜米、盐、醋、味精、料酒、胡椒粉、鲜汤、水淀粉、色拉油各适量。

制作过程：

1. 鳝片洗净切丝；泡辣椒剁蓉。
2. 锅内烧油至五成热，下鳝丝煸炒至水气干，放入泡辣椒、豆瓣酱、姜米、蒜米、料酒炒香，掺入鲜汤，放入盐、醋、胡椒粉、味精调好味，下粉丝同烧至入味，用水淀粉收浓汤汁，起锅装于盆中，撒上香菜即可。

操作要领：

也可不加豆瓣酱，直接用泡辣椒。

营养特点

鳝鱼适宜身体虚弱、气血不足、营养不良之人食用。

榨菜鱼片

主料： 草鱼、榨菜。

调料：

● 青红辣椒、花椒、料酒、胡椒粉、葱、姜、化猪油各适量。

制作过程：

1. 草鱼杀后去内脏、头尾、鱼骨，取鱼肉切成薄片。
2. 用料酒、胡椒粉、精盐把鱼片拌匀腌10分钟；榨菜丝用清水洗净，青红辣椒切成小段，葱、姜切碎。
3. 锅里加化猪油烧热，放入花椒、葱、姜爆香，下入青红辣椒、榨菜丝爆炒一下，加入适量开水以大火煮5分钟，再下入鱼片煮熟即可。

操作要领：

鱼片下锅要轻轻滑散，不宜久煮。

鲜熘乌鱼片

主料： 乌鱼、黄瓜、口蘑、泡姜。

调料：

● 葱、姜、蒜、精盐、味精、胡椒粉、豆粉各适量。

制作过程：

1. 先将乌鱼片成片，放入盐、豆粉码味。各种调料兑成滋汁。
2. 锅内留油，下乌鱼片炒散，放入调料，烹入滋汁，翻炒均匀起锅。

操作要领：

要保持鱼片的细嫩，下锅时间不宜太长，整个过程一气呵成。

营养特点

乌鱼味甘，性平，具有补气益中等功效。

银鱼煎蛋

主料： 银鱼、鸡蛋。

调料：

● 豆粉、精炼油、精盐、味精各适量。

制作过程：

1. 银鱼入沸水汆熟备用；鸡蛋磕破入碗，加盐、味精、豆粉搅匀，制成脆浆。
2. 锅内下精炼油烧热，下拌入脆浆的银鱼煎至表面呈金黄色，起锅即可。

操作要领：

油温不宜过高，煎至内嫩外黄即可。

营养特点

银鱼有补虚、健胃、益气、利水、止咳的功能，对体瘦乏力、脾虚腹泻、消化不良等症有疗效。

午烧鲈鱼

主料：

鲈鱼、红椒、泡小米椒。

调料：

●姜片、蒜末、葱段各少许，陈醋、盐、鸡粉、生抽、生粉、水淀粉、老抽、料酒、食用油各适量。

制作过程：

1. 红椒洗净切圈；泡小米椒切圈；鲈鱼宰杀洗净。
2. 鲈鱼装入盘中，加入盐、生粉抹匀。
3. 用油起锅，放入鲈鱼炸至两面呈金黄色，捞出。
4. 用油起锅，炒香姜片、蒜末、红椒圈、泡小米椒圈。
5. 淋入料酒，倒入适量清水。
6. 加入盐、鸡粉、生抽、老抽拌匀，煮沸。
7. 加入陈醋，放入鲈鱼，慢火烧煮3分钟，盛入盘中。
8. 原汤加水淀粉勾芡，浇在鲈鱼上，撒上葱段即可。

操作要领：

洗净的鱼沥干水分，在鱼表面上划上几刀，这样容易入味；再将适量盐涂抹在鱼的表面，腌渍10分钟。

营养特点

鲈鱼含有丰富的优质蛋白，搭配富含维生素C或维生素E的食物，有养颜美容的作用。

午烧鲫鱼

主料：

鲫鱼。

调料：

●红椒片、姜丝、葱段各少许，盐、味精、蚝油、老抽、料酒、葱油、辣椒油、食用油各适量。

制作过程：

1. 鲫鱼洗净，剖一字花刀，加入料酒、盐、生粉腌渍。
2. 锅留底油，放入姜丝、葱白煸香。
3. 放入鲫鱼、料酒，倒入水，加盖焖烧约1分钟至熟透。
4. 加入盐、味精、蚝油、老抽调味，倒入红椒片炒匀。
5. 淋入少许葱油、辣椒油拌匀。
6. 待汁收干后出锅，撒入葱叶即可。

操作要领：

烹饪鲫鱼时，淋入料酒后马上盖上盖子焖片刻后再加水煮，能充分地去腥增鲜。

营养特点

鲫鱼富含优质蛋白质，品质优，易于消化吸收，是肝肾疾病、心脑血管疾病患者的良好蛋白质来源，常食可增强人体抗病能力。

麻辣干锅虾

主料： 基围虾、莲藕、青椒。

调料： ●干辣椒、花椒、姜片、蒜末、葱段、料酒、生抽、盐、鸡粉、辣椒油、花椒油、水淀粉、豆瓣酱、白糖、食用油各适量。

制作过程：

1. 莲藕去皮洗净，切丁；青椒洗净切开，去籽切小块；基围虾收拾干净，待用。
2. 热锅注油烧热，倒入基围虾，搅散，炸至亮红色，捞出。
3. 锅底留油烧热，倒入干辣椒、花椒、姜片、蒜末、葱段爆香。
4. 倒入莲藕丁、青椒块、豆瓣酱、基围虾翻炒匀，淋入料酒、生抽，炒匀提鲜。
5. 加入清水、盐、鸡粉、白糖、辣椒油、花椒油、水淀粉炒匀入味，盛出即可。

操作要领：

基围虾滑油的时间不要过久，以免虾仁变老，影响口感。

干贝烧海参

主料： 水发海参、干贝、红椒圈。

调料：

●姜片、葱段、蒜末、豆瓣酱、盐、鸡粉、蚝油、料酒、水淀粉、食用油各适量。

制作过程：

1. 海参洗净切小块；干贝洗净压细末；沸水锅中加鸡粉、盐、料酒、海参，焯水捞出。
2. 热锅注油，放入干贝末炸至熟软后捞出。
3. 起油锅，爆香姜片、葱段、蒜末，放入红椒圈，炒匀，倒入海参，炒匀，淋入料酒。
4. 加入豆瓣酱、蚝油、盐、鸡粉，炒至熟透，倒入水淀粉，炒入味，盛出，撒上干贝末即可。

操作要领：

泡发海参的容器必须是无油的、干净的。

水煮牛蛙

主料： 牛蛙、红椒、干辣椒、剁椒。

调料： ●花椒、姜片、蒜末、葱白、盐、鸡粉、生粉、料酒、水淀粉、花椒油、辣椒油、豆瓣酱、食用油各适量。

制作过程：

1.红椒洗净切圈；宰杀处理干净的牛蛙斩去蹼趾和头，切成块。

2.牛蛙装入碗中，加入少许料酒、盐、鸡粉、生粉腌渍，再余水捞出。

3.起油锅，倒入姜片、蒜末、葱白、花椒、干辣椒，大火爆香。

4.倒入牛蛙，拌炒匀，淋入料酒，加入少许豆瓣酱，拌炒香。

5.加入适量清水煮沸，调入辣椒油、剁椒、盐、鸡粉，煮至入味。

6.放入花椒油、红椒圈，加入少许水淀粉，拌炒匀，盛出装盘即成。

辣炒田螺

主料： 田螺、紫苏叶、葱段。

调料：
●干辣椒、生姜、桂皮、花椒、八角、盐、味精、白酒、蚝油、老抽、生抽、辣椒酱、食用油各适量。

制作过程：

1.田螺洗净去尾，余水2分钟，捞出沥干；生姜切片；紫苏叶切碎。

2.起油锅，放入生姜片、花椒、桂皮、八角、葱白、辣椒酱，翻炒均匀。

3.倒入干辣椒、田螺，加入白酒，炒匀，倒入清水煮2分钟。

4.放入紫苏叶、盐、味精、蚝油、老抽、生抽、葱段炒入味，盛出即成。

操作要领：

炒田螺不需要加水，田螺会渗出水。

泡椒泥鳅

主料：

泥鳅、泡椒。

调料：

●水笋片、姜片、葱白、盐、味精、料酒、蚝油、水淀粉、食用油各适量。

制作过程：

1. 鲫鱼洗净，剖一字花刀，加入料酒、盐、生粉腌渍。

2. 锅留底油，放入姜丝、葱白煸香。

3. 放入鲫鱼、料酒，倒入水，加盖焖烧约 1 分钟至熟透。

4. 加入盐、味精、蚝油、老抽调味，倒入红椒片炒匀。

5. 淋入少许葱油、辣椒油拌匀。

6. 待汁收干后出锅，撒入葱叶即可。

操作要领：

将鲜活的泥鳅放养在清水中，加入少许食盐和植物油，可以使泥鳅吐尽腹中的泥沙。

> **营养特点**
>
> 泥鳅属高蛋白、低脂肪食材，其富含的多种维生素以及不饱和脂肪酸和卵磷脂，是构成人脑细胞中不可缺少的物质。

川椒鳜鱼

主料：
鳜鱼、青椒、红椒。

调料：
●花椒、姜片、蒜末、葱段、花椒油、料酒、盐、味精、白糖、鸡粉、生抽、水淀粉、生粉、食用油各适量。

制作过程：
1.青椒、红椒均洗净切片；鳜鱼宰杀洗净，加入盐、生粉，入油锅炸至断生。
2.锅中留油，爆香姜片、葱段、蒜末、花椒。
3.加入料酒、水、鳜鱼、青椒片、红椒片煮沸，淋入花椒油、盐、味精、白糖、鸡粉、生抽。
4.盛出鳜鱼，原汤中加入水淀粉、食用油调成浓汁，浇在鳜鱼肉上，撒入葱段即成。

操作要领：
在鱼身上用刀切深花，每距离1.5厘米长1刀，两面均切，然后用调料抹遍鱼身，并在鱼身上撒干生粉。

营养特点
鳜鱼含有蛋白质、脂肪、少量维生素、钙、钾、镁、硒等营养元素，肉质细嫩，极易消化，对儿童、老人及体弱、脾胃消化功能不佳的人来说，吃鳜鱼既能补虚，又不必担心消化困难。

厨房小知识
可把锅烧热一点，油温高一点，再放入鱼，鱼遇到高油温表皮会立即变硬,不会粘锅。

酸菜鱼

主料： 草鱼、酸菜、朝天椒末。

调料： 姜片、葱花、白芝麻、盐、味精、葱姜酒汁、水淀粉、白糖、食用油各适量。

制作过程：

1. 洗净的酸菜切段；处理净的草鱼肉切片，鱼骨斩块。
2. 鱼肉片中加入盐、味精、水淀粉腌渍。
3. 用食用油起锅，倒入鱼骨略煎，加入姜片、朝天椒翻炒。
4. 加入葱姜酒汁、水、酸菜段炖5分钟，汤汁呈奶白色。
5. 加入盐、味精、白糖拌匀，捞出鱼骨块和酸菜，装入碗中。
6. 将鱼肉片倒入锅中，煮约1分钟，盛入碗中即可。

操作要领：

烹饪此菜要选用新鲜的草鱼。另外，烹饪时加少许辣椒油，味道会更好。

豆花鱼片

主料： 草鱼、豆花。

调料：

●葱段、姜片、鸡粉、味精、盐、蛋清、水淀粉、食用油各适量。

制作过程：

1. 处理好的草鱼剔除鱼骨，取鱼肉切成薄片。
2. 鱼肉片中加入味精、盐、蛋清、水淀粉、食用油腌渍。
3. 用食用油起锅，倒入姜片爆香。
4. 注入适量清水煮沸，加入鸡粉、盐。
5. 倒入鱼肉片煮至熟。
6. 用水淀粉勾芡，淋入食用油。
7. 撒上葱段拌匀。
8. 豆花装盘，放上鱼肉片，浇入原锅汤汁即成。

操作要领：

鱼片煮变色即可，保持鱼肉滑嫩，不可久煮。

Part 5

麻辣鲜香　百菜百味

招牌川味家常菜之

热菜·素菜篇

辣椒炒鸡蛋

主料:
青椒、鸡蛋、红椒圈、蒜末、葱白。

调料:
● 盐、鸡粉、水淀粉、味精、食用油各适量。

制作过程:

1. 将青椒切成小块。鸡蛋打入碗中,搅匀,加入少许盐、鸡粉调匀。

2. 热锅注油烧热,倒入蛋液拌匀,翻炒至熟,盛入盘中备用。

3. 用油起锅,倒入蒜末、葱白、红椒圈炒匀,再倒入青椒。

4. 加入适量盐、味精,炒至入味,再倒入鸡蛋炒匀。

5. 加入适量水淀粉,快速翻炒匀即成。

营养特点

青、红辣椒切好后可先用盐拌一下,这样更脆。

鹌鹑蛋烧豆腐

主料：

熟鹌鹑蛋、豆腐。

调料：

●葱花、盐、鸡粉、生抽、老抽、郫县豆瓣、水淀粉、食用油各适量。

制作过程：

1. 把洗净的豆腐切成小方块。
2. 锅中注水烧开，加入盐、食用油、豆腐块，余水后捞出。
3. 用油起锅，放入去壳的鹌鹑蛋。
4. 淋入少许老抽，注入适量清水，放入郫县豆瓣、鸡粉、盐。
5. 再淋入少许生抽，倒入焯煮好的豆腐块，煮约1分钟。
6. 用大火收汁，倒入少许水淀粉勾芡。
7. 撒入少许葱花，快速拌炒匀。
8. 将锅中食材盛出装盘即成。

操作要领：

煮鹌鹑蛋时火不要太大，中火即可，以免鹌鹑蛋破裂；将煮好的蛋放入冷水中浸泡一会，比较容易剥壳。

营养特点

鹌鹑蛋中的 B 族维生素含量多于鸡蛋，尤其是维生素 B_2 的含量是鸡蛋的 2 倍，可促进生长发育。

韭菜炒鸡蛋

主料： 韭菜、鸡蛋。

调料：
● 精盐、花椒、色拉油各适量。

制作过程：

1. 将韭菜择洗干净切段，鸡蛋磕开打散搅匀。
2. 锅内放油烧热，撒花椒粒炸香捞出。油升温，倒入鸡蛋液起蛋花。
3. 用锅铲将鸡蛋铲开，铲到一旁，放入韭菜段，一同翻炒，撒盐，出锅装盘即成。

操作要领：

韭菜要快速翻炒，避免加热时间长，韭菜出水。

营养特点

韭菜具有健胃、提神、止汗固涩、补肾助阳、固精等功效。

苦瓜摊鸡蛋

主料： 鸡蛋、苦瓜。

调料：
● 盐适量。

制作过程：

1. 苦瓜洗净，沥干水分，切碎，备用；鸡蛋磕入碗中，加入盐，搅拌均匀，备用。
2. 油锅烧热，放入苦瓜炒熟后盛出，待凉后倒入蛋液中搅拌均匀。
3. 再热油锅，下拌好的蛋液煎至两面金黄即可。

操作要领：

苦瓜入锅焯水，有助于减轻苦味。

地木耳炒蛋

主料： 地木耳、鸡蛋。

调料：

● 盐、味精、鲜汤、水淀粉、色拉油各适量。

制作过程：

1. 地木耳入盆，用清水浸泡发透。鸡蛋入碗，加盐打匀成蛋液。
2. 盐、味精、鲜汤、水淀粉入碗，调匀成味汁备用。
3. 炒锅上火，烧油至五成热，下蛋液炒匀，然后捞出地木耳，挤干水下入锅中与鸡蛋同炒，最后烹入兑好的味汁炒匀即可。

操作要领：

地木耳含泥沙较重，泡发后应清洗干净。

营养特点

木耳中铁的含量极为丰富，故常吃木耳能养血驻颜，令人肌肤红润、容光焕发，并可防治缺铁性贫血。

剁椒炒鸡蛋

主料： 鸡蛋、红辣椒。

调料：

● 葱花、盐、味精、精炼油各适量。

制作过程：

1. 鸡蛋磕入碗中，用竹筷搅拌均匀；红辣椒洗净，用刀剁碎。
2. 锅中加入精炼油烧热，倒入蛋液炒至凝固的小块状时，盛出备用。
3. 锅中加入少许底油烧热，下入剁椒炒香出色时，再加入鸡蛋块、盐、味精翻炒均匀，撒入葱花，起锅装盘即可。

操作要领：

辣椒应剁碎，要用小火炒制，这样辣椒才会浸油出香。

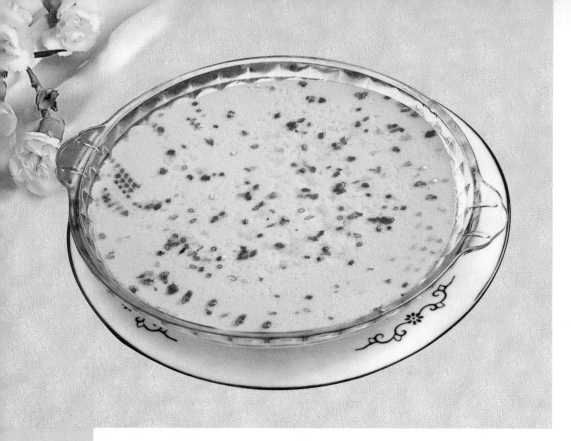

芙蓉蒸蛋

主料：
鸡蛋、火腿。

调料：
●盐、蚝油、葱花、食用油各适量。

制作过程：

1. 鸡蛋打入碗中，加盐搅拌均匀，再加入温水调匀；火腿洗净，沥干水分，切成细末。
2. 在鸡蛋液中淋入油，再加入蚝油调味，撒上葱花、火腿。
3. 将鸡蛋放入蒸锅中，隔水蒸15分钟，取出即可。

操作要领：

鸡蛋需加入温水，切记不可加冷水。

营养特点

蒸这种食用方法，可以最大程度保证食物的营养和最原始的味道。

厨房小知识

检查是否蒸好的方法：将筷子插入鸡蛋内，如没有溢出蛋汁，就可以起锅啦。

家常魔芋烧豆腐

主料:
魔芋豆腐、油豆腐、干辣椒、红彩椒、葱段、蒜片。

调料:
●盐、鸡粉、生抽、水淀粉、食用油各适量。

制作过程:
1. 洗好的魔芋豆腐切厚片；红彩椒去籽，斜刀切块。
2. 沸水锅中倒入切好的魔芋豆腐，加入适量盐，汆煮一会儿至断生，捞出，沥干，装盘待用。
3. 另起锅注油，倒入干辣椒，放入蒜片，爆香，加入生抽，倒入汆好的魔芋豆腐，翻炒均匀。
4. 注入适量清水，放入油豆腐，加入盐，炒匀。
5. 加盖，用中火焖5分钟至熟软；揭盖，倒入切好的红彩椒，加入鸡粉、葱段，炒匀；用水淀粉勾芡，翻炒均匀至收汁，盛出，装盘即可。

操作要领:
可在起锅前倒入一点食用油翻炒，使菜色更富光泽。

营养特点

魔芋豆腐含有淀粉、蛋白质、多种维生素、钾、磷、硒等营养物质，具有降血压、降脂、开胃、防癌等功效。

鸡蛋菠菜炒粉丝

主料： 鸡蛋、菠菜、粉丝。

调料：
- 盐、酱油、食用油各适量。

制作过程：

1.鸡蛋打散，煎成蛋饼备用；菠菜洗净，焯水，切段；粉丝泡发洗净后，捞起晾干备用。

2.锅中注油烧热，放入菠菜、粉丝一起稍翻炒后，再倒入蛋饼一起炒匀。

3.炒至熟后，加入盐、酱油拌匀调味，起锅装盘即可。

操作要领：

粉丝提前泡软即可，翻炒时更容易入味，不必用沸水焯烫。

营养特点

菠菜含有的营养成分对眼睛都有保健作用。

鸡蛋炒干贝

主料： 鸡蛋、干贝、酱萝卜。

调料：
- 蒜苗、红椒、盐、醋、生抽、食用油各适量。

制作过程：

1.鸡蛋打散；干贝洗净蒸熟，撕成丝；酱萝卜洗净切片；红椒洗净切圈；蒜苗洗净切段。

2.油锅烧热，下鸡蛋翻炒，加入酱萝卜、干贝、红椒、蒜苗炒匀。

3.加入盐、醋、生抽炒至熟即可。

操作要领：

干贝一般都有咸味，加入的盐要适量。

营养特点

干贝含有大量氨基酸，可补充营养。

葱椒莴笋

主料： 莴笋、红椒、葱段、花椒、蒜末。

调料：

●盐、鸡粉、豆瓣酱、水淀粉、食用油各适量。

制作过程：

1.洗净去皮的莴笋用斜刀切成段，再切成片；红椒去籽，再切成小块，备用。

2.热水锅，倒入少许食用油、盐，放入莴笋片，搅拌匀，煮1分钟，至其八成熟，捞出，沥干，待用。

3.起油锅，放入红椒、葱段、蒜末、花椒，爆香，倒入莴笋，快速翻炒均匀；加入适量豆瓣酱、盐、鸡粉，炒匀调味；淋入适量水淀粉，快速翻炒均匀，盛出，装盘即可。

操作要领：

莴笋不宜炒过久，以免破坏了其中的维生素。

家常煎豆腐

主料： 老豆腐、五花肉、木耳、小白菜心、香菜。

调料：

●小米辣红椒、精盐、味精、鸡精、蚝油、酱油、湿豆粉、鸡汤、香油、精炼油、猪油各适量。

制作过程：

1.老豆腐切成方块，入平底锅煎成一面黄；五花肉切片，木耳洗净，切成菱形；红椒切成圆圈。

2.锅内下猪油烧热，放入猪肉煸炒香，掺入鸡汤，然后加进豆腐、木耳、小白菜心、红椒等烧熟调好味，改用微火烧2分钟，勾芡，滴入少许香油，起锅装盘即可。

操作要领：

煎豆腐火不能大，切忌煎煳；掺汤要适量。

麻婆豆腐

主料：
牛肉、豆腐、红椒。

调料：
●辣椒面、花椒粉、姜片、葱花、盐、鸡粉、豆瓣酱、老抽、料酒、水淀粉、食用油各适量。

制作过程：

1. 豆腐洗净切小块；洗净的红椒切开去籽，改切粒；牛肉洗净剁成肉末。

2. 锅中注入清水烧开，加盐、豆腐块，搅匀，去除其酸味，捞出沥水。

3. 炒锅倒油烧热，爆香姜片，倒入牛肉末、红椒粒，淋入料酒，炒匀提鲜。

4. 放入辣椒面、花椒粉、豆瓣酱、老抽，炒匀上色，加入适量清水。

5. 倒入煮好的豆腐，放入适量盐、鸡粉，搅匀，煮2分钟至熟。

6. 倒入少许水淀粉，炒匀，盛出装入盘中，撒上葱花即可。

操作要领：

在焯煮豆腐时，需要加少许盐，这样煮的豆腐不会散。

营养特点

豆腐为补益、清热养生食品，常食可补中益气、清热润燥、生津止渴、清洁肠胃，更适于热性体质、口臭口渴、肠胃不清、热病后调养者食用。

厨房小知识

烧豆腐时，加少许豆腐乳或汁，味道芳香。

宫保豆腐

主料：

豆腐、黄瓜、红椒、酸笋、胡萝卜、花生米。

调料：

●姜片、蒜末、葱段、干辣椒、盐、鸡粉、豆瓣酱、生抽、辣椒油、陈醋、水淀粉、食用油各适量。

制作过程：

1. 黄瓜去皮；胡萝卜、酸笋、红椒均洗净切丁；豆腐切块，焯水捞出。
2. 将酸笋丁、胡萝卜丁焯水捞出；倒入花生米煮熟捞出，再入热油锅炸黄。
3. 热锅注油，放入干辣椒、姜片、蒜末、葱段、红椒、黄瓜、酸笋、胡萝卜、豆腐，翻炒匀。
4. 加入豆瓣酱、生抽、鸡粉、盐、辣椒油、陈醋、花生米、水淀粉炒匀入味，盛出即可。

操作要领：

这道菜最好选用北豆腐，也就是老豆腐，可以更好地吸收调味汁的香味，并且炸起来容易定形。

营养特点

豆腐营养极高，含铁、镁、钾、烟酸、铜、钙、锌、磷、叶酸、维生素 B_1、蛋黄素和维生素 B_6。

厨房小知识

豆腐中含皂角苷成分，可促进脂肪代谢，阻止动脉硬化发生。但易造成机体碘缺乏，与海带同食可避免这个问题。

蟹黄豆花

主料： 内酯豆腐、咸蛋黄。

调料：

●精盐、味精、鸡精、水豆粉、鲜汤、精炼油、香油各适量。

制作过程：

1. 内酯豆腐切成丁，放入沸水中焯一下捞出。
2. 锅中入少许精炼油烧热，放入咸蛋黄炒翻沙，掺入鲜汤，再加入豆腐、精盐、味精、鸡精烧熟入味，淋入香油，用水豆粉勾芡，起锅装盘即可。

操作要领：

在烧制豆腐丁时，火不能过大；勾芡不能太浓。

营养特点

咸鸭蛋的蛋黄中含有大量的红黄色卵黄素及胡萝卜素，并且与蛋黄油溶在一起才会出现我们看到的红黄色。

豆瓣酱炒脆皮豆腐

主料： 脆皮豆腐、青椒、红椒。

调料：

●蒜苗段、姜片、蒜末、鸡粉、生抽、豆瓣酱、水淀粉、食用油各适量。

制作过程：

1. 将脆皮豆腐切粗小块；洗净的青椒、红椒均切开，去籽再切小块。
2. 热锅注油，爆香姜片、蒜苗梗、蒜末，放入豆瓣酱，炒匀。
3. 倒入脆皮豆腐，翻炒一会儿，倒入蒜苗叶、青椒、红椒，加入鸡粉、生抽，炒匀。
4. 倒入适量水淀粉，炒至食材入味，盛出，装入盘中即可。

操作要领：

豆腐在油锅里炸的时间不要太长。

韭菜豆干

主料： 韭菜、豆腐干。

调料：
● 黑豆豉、辣椒红油、盐各适量。

制作过程：

1. 韭菜切 1 厘米长的小段，豆腐干也切成差不多大的小方块。
2. 锅中放辣椒红油，放入豆腐干，炒至豆腐干略变色，加入黑豆豉。
3. 炒出香味后加入韭菜段，撒盐炒熟即可。

操作要领：

豆干炒制不宜火候过大，防止豆干变干变硬。

营养特点

韭菜性温，味辛，具有补肾起阳作用，故可用于治疗阳痿、遗精、早泄等病症。

五丁豆腐

主料： 老豆腐、青笋、胡萝卜、西红柿、大葱。

调料：
● 精盐、味精、精炼油、鲜汤各适量。

制作过程：

1. 豆腐、青笋、胡萝卜、西红柿、大葱均切成丁。
2. 锅下油烧热，放入豆腐炸成金黄色捞出。
3. 锅留底油，下豆腐、青笋、胡萝卜、西红柿、大葱，掺鲜汤，用精盐、味精调好味，待原料熟时，起锅装盘即成。

操作要领：

各原料宜切得大小均匀；掺汤不宜太多。

营养特点

胡萝卜含胡萝卜素、多种维生素、木质素、烟酸、糖类、钙、铁、磷等成分。

鱼香脆皮豆腐

主料：
日本豆腐、生姜、大蒜、葱、
灯笼泡椒。

调料：
●陈醋、辣椒油、白糖、味精、
盐、生抽、老抽、生粉、水淀
粉、食用油各适量。

制作过程：

1. 葱洗净切葱花; 生姜、大蒜、灯笼泡椒均洗净切末。
2. 日本豆腐切段装盘，撒上生粉。
3. 用食用油起锅，放入日本豆腐炸至金黄色，捞出装盘。
4. 锅底留油，爆香大蒜末、生姜末，加入灯笼泡椒末。
5. 倒入少许清水，加入陈醋、辣椒油、白糖、味精调味。
6. 调入盐、生抽、老抽，倒入水淀粉调成稠汁。
7. 倒入炸好的日本豆腐拌匀，煮约1分钟入味，装盘。
8. 浇入原汤汁，撒上葱花即成。

操作要领：

一定要将油先烧热，再把豆腐裹上生粉下锅炸。

营养特点

日本豆腐可以祛脂降压，使血压更易控制，并使毛细管扩张，血黏度降低，微循
环改善。

豆豉炒豆腐干

主料:

豆腐干、青椒、红椒、蒜苗、豆豉。

调料:

●葱白、蒜末、盐、鸡粉、料酒、生抽、水淀粉、食用油各适量。

制作过程:

1. 豆腐干切条;洗净的红椒去籽,切成丝;洗净的青椒去籽,切成丝;洗净的蒜苗切段。

2. 热锅注油,烧至五成熟,倒入豆腐干滑油约1分钟至熟,捞出备用。

3. 锅底留油,倒入葱白、蒜末爆香,倒入豆豉、豆腐干,倒入青椒丝、红椒丝,加料酒、盐、鸡粉,拌炒入味。

4. 淋入生抽,加少许清水,拌炒匀,加入少许水淀粉,用锅铲快速拌炒匀,将锅中材料盛出装盘即成。

操作要领:

豆豉和老干妈有一定的咸味,加盐的时候要考虑到辣酱有一定的咸度而酌量添加。

营养特点

豆腐干的营养丰富,具有开胃消食、提高免疫力等功效,可以防止血管硬化,预防心血管疾病,保护心脏;青椒所含的辣椒素能够促进脂肪的新陈代谢,防止体内脂肪积存,有利于降脂减肥。此菜有排毒瘦身、提高免疫力的功效。

厨房小知识

豆腐干 + 韭菜可壮阳。

水煮蘑菇

主料：
蘑菇、熟白芝麻。

调料：
●豆瓣酱、盐、酱油、干辣椒、葱花各适量。

制作过程：

1. 蘑菇洗净，切块；干辣椒洗净，切段。
2. 锅中加油烧热，下豆瓣酱、干辣椒、酱油炒香后，加适量水烧开。
3. 再放入蘑菇煮至熟，加入盐调味，起锅装盘，撒上熟白芝麻、葱花即可。

操作要领：
蘑菇等菌类一般煮5分钟即可。

营养特点

蘑菇的有效成分可增强淋巴细胞功能，从而提高机体防御各种疾病的免疫功能。

辣炒蘑菇

主料:

蘑菇、红椒。

调料:

● 熟芝麻、盐、味精、红油各适量。

制作过程:

1. 将蘑菇泡一会儿水,再洗净,控干水分,切块;红椒洗净,切成小段。
2. 锅中注油,烧热,下入蘑菇稍炒片刻,再加入红椒翻炒至食材熟透。
3. 调入盐、味精、红油炒匀,撒上熟芝麻即可。

操作要领:

炒蘑菇时用文火即可。

营养特点

蘑菇中含有人体难以消化的粗纤维、半粗纤维和木质素,可保持肠内水分平衡。还可吸收胆固醇、糖分,将其排出体外,对预防便秘、肠癌、动脉硬化、糖尿病等都十分有利。

干煸四季豆

主料： 猪碎肉、四季豆、芽菜。

调料：

●干辣椒、花椒、盐、料酒、葱花、味精、香油、色拉油各适量。

制作过程：

1. 四季豆撕去筋，切成长段，入热油锅中炸熟捞起。
2. 锅上火油烧热，下入猪碎肉、料酒中小火慢炒，待水气干时，下入酱油调味上色起锅。锅内下油少许，放入干辣椒、花椒、芽菜炒香，放入四季豆、碎肉炒匀，用盐、味精、香油调好味，撒入葱花炒匀起锅装入盘中即可。

操作要领：

四季豆一定要炸熟，未熟透的四季豆食用后会引起食物中毒。

营养特点

四季豆富含蛋白质和多种氨基酸，常食可健脾胃、增进食欲。

口味娃娃菜

主料： 娃娃菜、洋葱。

调料：

●干辣椒、盐、味精、香油、色拉油各适量。

制作过程：

1. 娃娃菜洗净，剖开成瓣。洋葱切成小块。
2. 炒锅上火，烧清水至沸，下娃娃菜煮至断生，打起沥尽水。
3. 锅内留油适量，下干辣椒、洋葱爆香，投入娃娃菜，放入盐、味精炒匀，淋入香油，起锅晾凉装盘即成。

操作要领：

娃娃菜在焯水后，一定要沥尽水后再炒制。

营养特点

娃娃菜中的维生素 C 有助肝脏解毒。

豆芽炒河粉

主料： 黄豆芽、干河粉。

调料：
●葱、姜丝、精盐、味精、酱油、白糖、精炼油各适量。

制作过程：
1. 将黄豆芽去须根洗净；河粉用热水泡软，用刀截成小段。
2. 炒锅倒入精炼油烧六成热，放入葱、姜丝炸出香味，放入黄豆芽、料酒、鲜汤、精盐、味精、酱油、白糖煸炒，待黄豆芽熟烂入味，再下河粉炒拌均匀，出锅装盘即成。

操作要领：
河粉一定要浸泡充分，炒制时便于入味。

营养特点
河粉富含碳水化合物。

醋熘土豆丝

主料： 土豆。

调料：
●干红辣椒、麻椒、大蒜、香醋、精盐、花生油、葱、姜丝、白糖、鸡精各适量。

制作过程：
1. 土豆洗净去皮，切成细丝，用清水洗几遍后控干水分。辣椒用温水浸泡 10 分钟，蒜切成末，葱切丝待用。
2. 锅内放油，用文火烧至四成热，先放麻椒炒香后捞出，再放辣椒炒至深红色。
3. 改中火放葱、姜丝、蒜泥炸一下再放辣椒，然后下土豆丝用大火快速翻炒，最后加白糖、鸡精、醋、盐炒熟即可。

操作要领：
土豆丝用清水冲洗，可以去除淀粉。

油焖笋干

主料：
笋干。

调料：
●盐、鸡精、生抽、香油、水淀粉各适量。

制作过程：
1.将笋干泡发洗净，切段。
2.热锅下油，下入笋干煸炒至八成熟，用水淀粉勾芡。
3.再下入盐、鸡精、生抽炒熟，淋入香油即可。

操作要领：
笋干比较吸味，放调料时适量加入。

营养特点
笋干性寒味甘，还具有解暑热、清脏腑、消积食、生津开胃、滋阴益血、化痰、去烦、利尿等功能。

风味茄丁

主料:

茄子、青红辣椒。

调料:

●葱花、蒜末、姜末、盐、白糖、鸡精、陈醋、生抽、精炼油各适量。

制作过程:

1.茄子洗净,切丁块;青红辣椒切成节;用盐、白糖、鸡精、陈醋、生抽调成味汁。

2.锅内放油烧七成热,下入茄丁稍炸一下捞出,沥油待用。

3.锅内留少许底油烧热,下入姜末、蒜末爆香,再放入炸好的茄条、青红辣椒节同炒片刻,倒入调好的味汁炒匀,起锅装盘,撒上葱花即可。

操作要领:

茄子过油,应高温急火快速将茄子炸至定型。

营养特点

茄子含有龙葵碱,能抑制消化系统肿瘤的增殖,对防治胃癌有一定效果,茄子还有清退癌热的作用。茄子含有维生素 E,有防止出血和抗衰老功能,常吃茄子可使血液中胆固醇水平不致增高,对延缓人体衰老具有积极的意义。

泡椒烧魔芋

主料：

魔芋黑糕块。

调料：

●郫县豆瓣酱、泡姜、葱段、泡朝天椒、花椒、蒜片、盐、鸡粉、白糖、料酒、生抽、水淀粉、食用油各适量。

制作过程：

1. 泡姜切块；泡朝天椒去柄，对半切开。

2. 锅中注入适量清水烧开，倒入魔芋黑糕块，焯煮片刻，盛出。

3. 用油起锅，放入花椒、泡姜，爆香，加入泡朝天椒、蒜片，炒匀。

4. 倒入豆瓣酱、魔芋黑糕块、料酒、生抽、清水，拌匀，焖至入味，加入盐、鸡粉、白糖、水淀粉、葱段，炒匀，盛出即可。

操作要领：

魔芋切条后一定要用开水煮几分钟，减轻碱味，要不然吃起来会有一点涩口。

营养特点

魔芋含16种氨基酸，10种矿物质、微量元素，对防治糖尿病、高血压有特效。

小土豆焖香菇

主料：

土豆、水发香菇、干辣椒、姜片、蒜末、葱段。

调料：

●盐、鸡粉、豆瓣酱、生抽、水淀粉、食用油各适量。

制作过程：

1. 将洗净的香菇切小块；去皮的土豆切丁。

2. 热锅注油，烧至三四成热，倒入土豆丁，轻轻搅拌匀，炸约半分钟，至其呈金黄色，捞出，沥干，待用。

3. 锅底留油烧热，倒入干辣椒、姜片、蒜末，用大火爆香，放入香菇块，炒匀，倒入炸好的土豆丁。

4. 加入适量豆瓣酱、生抽、鸡粉、盐，炒匀调味；注入适量清水，轻轻搅动食材，使其浸入汤汁中。

5. 盖上盖，煮沸后用小火焖煮约10分钟，至材料入味；揭盖，转大火收汁，再用少许水淀粉勾芡，至汤汁收浓，盛出，装盘，放上葱段即成。

操作要领：

炸土豆时应掌握好油温，以免炸老了影响口感。

营养特点

土豆含有淀粉、蛋白质、B族维生素、膳食纤维、钙、磷、铁等营养成分，具有促进胃肠蠕动、健脾利湿、解毒消炎、降血糖、降血脂等功效。

双椒蒸豆腐

主料： 豆腐、剁椒、小米椒、葱。

调料： ●蒸鱼豉油适量。

制作过程：

1. 将洗净的豆腐切片。
2. 取一蒸盘，放入豆腐片，摆好；撒上剁椒和小米椒，封上保鲜膜，待用。
3. 备好电蒸锅，烧开水后放入蒸盘；盖上盖，蒸约10分钟，至食材熟透；揭盖，取出蒸盘，去除保鲜膜。
4. 趁热淋上蒸鱼豉油，撒上葱花即可。

操作要领：

豆腐最好切得薄一些，更易蒸入味。

白灼芥蓝

主料： 芥蓝、大葱丝、红椒丝。

调料：

●化猪油、盐、酱油、鸡精、味精各适量。

制作过程：

1. 芥蓝洗净，放入沸水锅中汆水断生捞出，盛于盘中。
2. 用酱油、盐、味精、鸡精兑成滋汁，淋于芥蓝上，然后放上大葱丝、红椒丝。
3. 锅置火上，加化猪油烧至六成热，浇于盘中葱丝、红椒丝上即成。

操作要领：

芥蓝入水汆制，一定要快速高温，确保芥蓝变色出锅。

八宝蒸南瓜

主料： 南瓜、糯米、鲜百合、莲米、苡仁、大枣、枸杞、干百合。

调料： ●白糖、猪油各适量。

制作过程：

1. 莲米、苡仁、大枣、枸杞、干百合入碗，用温热水浸泡。糯米洗净，入沸水锅煮断生，打起沥尽水，同莲米、苡仁、大枣、枸杞、干百合、白糖、猪油拌匀，酿入南瓜内。
2. 酿好的南瓜上笼旺火蒸熟，起锅装入盘内，用刀切成8瓣。
3. 白糖加清水入锅熬制成糖浆，撒上百合、枸杞略煮，起锅淋在南瓜上即可。

操作要领：

糯米煮至断生即可，煮的时间不能过长，影响口感。

干煸冬笋

主料： 冬笋、肥瘦猪肉、芽菜。

调料：
●干辣椒、蒜苗、料酒、盐、酱油、白糖、味精、香油、化猪油各适量。

制作过程：

1. 冬笋洗净，切成节；肥瘦猪肉剁成绿豆大小的细粒；干辣椒、蒜苗切段。
2. 炒锅下化猪油烧六成热，下冬笋炸至浅黄色捞起。
3. 锅内留少许底油，下肉粒炒至酥香，放入冬笋煸炒至起皱时，放入干辣椒、蒜苗、芽菜，再烹入料酒、盐、酱油、白糖、味精炒匀，滴入少许香油，起锅装盘即成。

操作要领：

冬笋应先用刀拍松，便于炒制时脆熟。

椒盐脆皮小土豆

主料：
小土豆。

调料：
●蒜末、辣椒粉、葱花、五香粉、盐、鸡粉、辣椒油、食用油各适量。

制作过程：

1. 热锅注油，烧至六成热，放入去皮洗净的小土豆。
2. 搅拌匀，用小火炸约7分钟，至其熟透，把炸好的土豆捞出，沥干油，待用。
3. 锅底留油，放入蒜末，爆香，倒入炸好的小土豆，加入五香粉、辣椒粉、葱花，炒香。
4. 放入盐、鸡粉，淋入辣椒油，快速炒匀调味，关火后将锅中的食材盛出，装入盘中即可。

操作要领：

土豆要挑没有破皮的，尽量选圆的，皮一定要干的，不然保存时间短，口感也不好，另外一定不要有芽的和绿色的。

营养特点

土豆是非常好的高钾低钠食品，很适合水肿型肥胖者食用，加上其钾含量丰富，几乎是蔬菜中最高的，所以还具有瘦腿的功效。

厨房小知识

可以选用钢丝球给土豆去皮，用钢丝球轻搓土豆表面，很轻松就能将外皮去掉薄薄的一层，且不会损伤里面的肉质部分。

烧椒茄子

主料：
茄子、青椒、红椒、豆苗各适量。

调料：
●盐、蒜末、酱油、辣椒酱各
适量。

制作过程：

1. 茄子洗净，打花刀切条；青椒、红椒切丁；豆苗
摆到盘子周围。
2. 油锅下茄子炒熟，加盐、酱油、辣椒酱炒匀。
3. 茄子出锅倒入豆苗中，将青椒、红椒和蒜末拌匀，
倒在茄子上。

操作要领：

蒸茄子一定要大火蒸透，并挤干蒸出来的水分。

营养特点

茄子含丰富的维生素 P，这种物质能增强人体细胞间的黏着力，增强毛细血管的弹
性，减低毛细血管的脆性及渗透性，防止微血管破裂出血，使心血管保持正常的
功能。此外，茄子还有防治坏血病及促进伤口愈合的功效。

厨房小知识

食醋使蔬菜更鲜艳可口：如果想让蔬菜的颜色更鲜艳可口，只需要稍微泡一下醋
水即可，这是利用醋水可以防止氧化的功能。像生姜、紫甘蓝、茄子等蔬菜都可
以采用此法，醋水不必太浓，只需要 3%（水 100 毫升、醋 3 毫升）即可。

鱼香杏鲍菇

主料：
杏鲍菇、红椒、姜片、蒜末、葱段。

调料：
●豆瓣酱、盐、鸡粉、生抽、料酒、陈醋、水淀粉、食用油各适量。

制作过程：
1. 将洗净的杏鲍菇切成粗丝；红椒切成细丝。
2. 热水锅，放入少许盐，倒入杏鲍菇，搅匀，再煮约2分钟，至食材断生后捞出，沥干，待用。
3. 起油锅，放入姜片、蒜末、葱段，爆香，倒入红椒丝，再放入杏鲍菇，快速翻炒匀。
4. 淋入少许料酒，翻炒香，放入豆瓣酱，倒入生抽，再加入盐、鸡粉，翻炒一会儿，至食材熟透；淋入适量陈醋，翻炒至食材入味，用水淀粉勾芡，盛出，装盘即可。

操作要领：
鱼香味的菜最好选用浓厚纯正的陈醋，白醋味淡色轻，不宜选用。

营养特点

杏鲍菇含有蛋白质、碳水化合物、维生素及钙、镁、铜、锌等营养物质，可以提高人体的免疫功能。糖尿病患者食用杏鲍菇，还有降血脂、润肠胃等作用。

香辣土豆丝

主料： 土豆、干辣椒。

调料：

●盐、味精、酱油、醋、香菜各适量。

制作过程：

1. 土豆去皮洗净，切丝；香菜洗净切段；干辣椒洗净切段。

2. 锅中注油烧热，放入土豆丝炸至脆香，再放入干辣椒炒匀。

3. 再加入盐、味精、酱油、醋拌匀调味，起锅装盘，撒上香菜。

操作要领：

土豆去皮洗净切丝或者擦成细丝后，放在清水中浸泡。

营养特点

土豆含有丰富的膳食纤维，有资料显示，其含量与苹果差不多。

芋儿烧白菜

主料： 小芋头、大白菜。

调料：

●三花奶、姜、盐、上汤、葱花、味精各适量。

制作过程：

1. 大白菜、小芋头洗净，姜洗净切片。

2. 油下锅，爆香姜片，加入上汤和芋头烧至快熟时加入大白菜。

3. 下三花奶、盐、味精，撒上葱花即可。

操作要领：

在煮白菜时，一定要汤大沸后才下，断生即可，才能保证白菜的色泽。

营养特点

芋儿含有多种营养成分，如淀粉、蛋白质、脂肪、糖、胡萝卜素、抗坏血酸及矿物质等。

清炒南瓜丝

主料： 嫩南瓜。

调料：
- 盐、味精、蒜蓉各适量。

制作过程：

1. 将嫩南瓜用清水洗净，切成细丝。
2. 锅中注入适量的清水，用大火烧开，下入南瓜丝焯熟后捞出，沥干水分，备用。
3. 锅中加油烧开，下入蒜蓉炒香后再加入南瓜丝炒熟，调入盐、味精炒匀即可。

操作要领：

南瓜丝需要大火快速翻炒，时间短，南瓜丝才能脆嫩可口。

营养特点

南瓜营养丰富，嫩南瓜中维生素C及葡萄糖含量比老南瓜丰富。

鱼香茄子煲

主料： 茄子、泡红辣椒。

调料：
- 盐、鸡精、白糖、酱油、葱花各适量。

制作过程：

1. 茄子去皮洗净切条；泡红辣椒切碎。
2. 油锅烧热，下泡红辣椒炒香，再放入茄子炒熟，加入白糖、酱油调味。
3. 锅内加入少许清水，烧至汁浓时调入盐、鸡精，最后撒上葱花即可。

操作要领：

炒茄子时火一定要小，不要把茄子煎煳了。

营养特点

茄子含有维生素E，有防止出血和抗衰老的功能。

Part 6

温温暖暖　鲜美甘润

招牌川味家常菜之

汤 菜

香菜肉丸汤

主料:

肉丸。

调料:

●盐、胡椒粉、香菜各适量。

制作过程:

1. 将备好的肉丸清洗干净，沥干水分；香菜洗净，沥干水分，切段。

2. 锅中注油烧热，再注入适量的清水，用大火将清水烧开，放入肉丸，煮至肉丸熟透。

3. 调入盐、胡椒粉拌匀，撒上香菜即可。

操作要领:

肉馅一定要七分瘦三分肥的。

营养特点

香菜中含有许多挥发油，其特殊的香气就是挥发油散发出来的。因此在一些菜肴中加些香菜，即能起到祛腥味、增味道的独特功效。

厨房小知识

香菜水中"重生"：香菜是不宜存放的食物，常常买回来不久就打蔫了。把香菜浸泡在淡盐水中，蔫了的香菜也能很快恢复新鲜水嫩。

川味蹄花汤

主料：

猪蹄块、水发芸豆、干辣椒、香叶、姜片、葱花、白芝麻。

调料：

●盐、鸡粉、料酒各适量。

制作过程：

1.热水锅，倒入猪蹄块，淋入少许料酒，搅拌均匀，捞出，沥干，装盘待用。

2.热水锅，倒入氽过水的猪蹄，放入洗净的芸豆，撒上干辣椒、姜片、香叶，搅拌片刻，淋入少许料酒，搅匀。

3.盖上锅盖，烧开后转小火煮约1小时至食材熟软；揭开锅盖，加入少许盐、鸡粉。

4.搅匀调味，用中火略煮一会儿，使汤汁入味，盛出，装碗，撒上白芝麻、葱花即可。

操作要领：

可在汤里加点酸菜同煮，更具风味。

营养特点

猪蹄含有胶原蛋白和弹性蛋白，可改善人的皮肤组织细胞的贮水功能，使皮肤保持弹性，常食还可减少皮肤皱纹，延缓皮肤细胞的衰老，使皮肤光泽、柔润、细腻。

乳鸽天麻汤

主料： 天麻、山药、莲子、红枣、乳鸽。

调料：

● 葱段、姜片、精盐各适量。

制作过程：

1. 乳鸽洗净后对半切开；莲子、天麻洗净，用水浸泡；枣、葱洗净；山药切块。

2. 把乳鸽放入有凉水的煲锅中，加入姜片，用沸水烧 3 分钟，把乳鸽拿出来，水倒掉。

3. 重新在锅内加入适量凉水以大火烧开，转为中小火后加入乳鸽、莲子、天麻，煲 30 分钟。加入切好的山药、红枣、姜片、葱段，继续煲 30 分钟，起锅后加精盐即可。

操作要领：

先将鸽汤、姜片加清水煮开，倒掉水后重新加水煮汤，这样可以比较好地去掉乳鸽身上的味道。

三鲜汤

主料： 虾仁、蘑菇、瘦肉、丝瓜。

调料：

● 生姜、花生油、盐、味精、白糖、胡椒粉、湿生粉各适量。

制作过程：

1. 虾仁从背部切一刀，蘑菇洗净、切片，瘦肉切片，丝瓜去籽、去皮切片，生姜去皮切片。

2. 在虾仁与肉片中调入少许盐、味精、湿生粉腌好，静放 5 分钟待用。

3. 烧锅下油，放入姜片，注入鸡汤，用中火烧开，下入蘑菇、虾仁、瘦肉，调入盐、味精、白糖、胡椒粉，再下丝瓜，稍煮片刻即可。

操作要领：

原料、汤要新鲜，汤出锅前要用大火，使汤味更香。

三鲜菌汤

主料： 猴头菌、老人头菌、白灵菇。

调料：
● 精盐、鸡精、鲜汤、化鸡油各适量。

制作过程：

1. 猴头菌、老人头菌、白灵菇均片成片汆水待用。
2. 锅内掺入鲜汤，调入盐、鸡精，下猴头菌、老人头菌、白灵菇炖熟，淋入化鸡油即成。

操作要领：

各种菌菇一定要用清水反复洗，以去泥沙。

营养特点

长期食用含有碱性矿物质的野生菌，如老人头菌、猴头菌、鹅蛋菌、珍珠菌等，能使血液中对皮肤有害的物质大大减少。

番茄牛肉汤

主料： 牛肉、洋葱。

调料：
● 蒜、番茄酱、大米、盐、胡椒、香菜末、菜籽油各适量。

制作过程：

1. 牛肉洗净，切成块，放入锅中，加冷水煮，去浮沫；洋葱切片；蒜切末；番茄酱用菜籽油稍炒一下。
2. 牛肉放入锅中，加入清水煮 2 小时，放入洋葱片、蒜末、大米、盐、胡椒，继续煮 30 分钟，放入炒制后的番茄酱，稍煮，上桌时撒上香菜末即可。

操作要领：

牛肉块不宜切得太大。汆水时间不要太久，去掉血污即可。

胡萝卜炖羊排

主料:

羊排段、胡萝卜、豆瓣酱、姜片、葱段、蒜片、香菜碎、桂皮、八角。

调料:

●盐、鸡粉、料酒、食用油、葱花各适量。

制作过程:

1. 将洗净去皮的胡萝卜切滚刀块。
2. 热水锅,放入洗净的羊排段,搅匀,捞出,沥干,待用。
3. 起油锅,倒入八角、桂皮、爆香,撒上姜片、葱段、蒜片,炒香,倒入豆瓣酱,炒匀,放入氽过水的羊排,炒匀;淋入料酒,炒匀炒透,注入适量清水,搅匀。
4. 盖上盖,烧开后转中小火炖煮约35分钟,至食材变软;揭盖,倒入胡萝卜块,搅匀,加入盐;再盖上盖,用小火续煮约10分钟,至食材熟透;揭盖,加入鸡粉、胡椒粉,搅匀,盛碗,点缀上香菜碎即可。

操作要领:

氽水时可淋入适量料酒,能减轻羊肉的膻味。

营养特点

胡萝卜含有维生素 B_1、维生素 B_2、维生素 C、维生素 D、维生素 E、钙及膳食纤维等营养元素,被誉为"东方小人参"。

川式老鸭汤

主料：
鸭、笋尖。

调料：
● 枸杞、红枣、盐、姜片、蒜片各适量。

制作过程：
1.鸭洗净；笋尖、红枣、枸杞均洗净备用。
2.鸭用盐腌15分钟后放入砂锅中，注入适量清水，放入枸杞、红枣、笋尖、姜片、蒜片，大火煮开，转小火，炖3小时，加入盐，稍炖片刻。

操作要领：
鸭块不宜太大，以入口方便为宜。

营养特点

因老鸭常年在水中生活，性偏凉，有滋五脏之阳、清虚劳之热、补血行水、养胃生津的功效。

厨房小知识

老鸭如果用猛火煮，肉硬不好吃；如果先用凉水和少许食醋泡上2小时，再用微火炖，肉就会变得香嫩可口。

白萝卜炖羊肉

主料: 白萝卜、羊肉。

调料:

● 香葱、生姜、大茴香、植物油、酱油、白糖、料酒、精盐各适量。

制作过程:

1. 将白萝卜洗净,去皮切块,用热水焯一下;羊肉洗净切块,用沸水焯一下后捞出;香葱切成段;生姜切片;大茴香洗净待用。

2. 锅内倒入植物油烧至七成热,放入白糖炒至冒泡,加入羊肉炒至变色,再放入大茴香和白萝卜,倒入适量水后加盖炖煮5分钟,添入适量温水用大火煮滚,改用文火炖至羊肉六成熟。

3. 将葱段和姜片放入锅内,淋入料酒,调入精盐、酱油,待萝卜和羊肉炖至熟烂,加味精调味即可出锅。

操作要领:

羊肉炖的时间较长,水要一次放够。

清新芦笋汤

主料: 芦笋、百合。

调料:

● 精盐、味精、料酒、鲜汤各适量。

制作过程:

1. 百合洗净,切片浸在凉水里;芦笋洗净,切段,用精盐腌一下,再放入沸水中稍微烫一下。

2. 锅中加入鲜汤,分别倒入百合、芦笋。

3. 汤中加入料酒、精盐、味精烧开即可。

操作要领:

因百合、芦笋都是易烂、易碎食材,故煮汤的时间不宜过长。

营养特点

此汤口味清新、口感细滑,脂肪含量比较低。

菠菜鸭血豆腐汤

主料： 鸭血、豆腐、菠菜。

调料：
●高汤、枸杞、盐各适量。

制作过程：
1.菠菜洗净，切段；鸭血、豆腐切片，待用。
2.砂锅内放适量高汤，下鸭血、豆腐、枸杞炖煮，将熟时，放入菠菜，加盐调味后再煮片刻，即成。

操作要领：
菠菜最好在沸水中先焯1分钟，除去其中的草酸，再放在汤里与蛋白质食品同煮。

营养特点
菠菜营养价值很高，可预防便秘，焯水后加芝麻油调配便有较好的作用。

当归生地羊肉汤

主料： 羊肉、当归、生地。

调料：
●高汤、红枣、生姜、花生油、盐、味精、绍酒、胡椒粉各适量。

制作过程：
1.羊肉砍成块，当归切片，生地切片，红枣泡透，生姜去皮切片。
2.锅内加水，待水烧沸时，投入羊肉块、绍酒，用中火煮净血水及部分异味，捞起漂净。
3.另烧锅下油，放入姜片、羊肉块爆香，加入剩下的绍酒，注入清汤，加入当归片、生地片、红枣，用中火煮透，调入盐、味精、胡椒粉，即可食用。

操作要领：
当归味重，不宜多放，汤滚的时间要久点，汤才会鲜。

海带排骨汤

主料：
猪排骨、海带。

调料：
● 枸杞、盐、鸡精、清汤各适量。

制作过程：
1.猪排骨洗净，剁成小块，汆水；海带用热水泡发，洗净切片；枸杞洗净备用。
2 炖锅置于火上，掺入清汤，放入排骨、海带煲熟，加枸杞烧开，放入盐和鸡精调味即可。

操作要领：
排骨焯水后，最好不要用凉水冲去血沫，加的水也不能是凉水，否则肉质突然遇凉容易紧缩，不易煮烂。

营养特点
海带排骨汤有很好的营养价值和药用价值，不仅可以补充人体所需的营养素，还可以御寒利尿、润肺补肾、防癌等。

厨房小知识
排骨如何做得更烂；排骨可以提前蒸一下，之后用温水冲洗后煎炸，这样再炖出来的排骨就会非常酥烂。

酸萝卜江团鱼汤

主料：
江团鱼、酸萝卜、香菜、红椒。

调料：
●高汤、盐、鸡精、料酒、食用油各适量。

制作过程：
1. 江团鱼洗净，加盐和料酒腌渍；酸萝卜洗净切丁；香菜洗净切段；红椒去蒂洗净切圈。
2. 锅注油烧热，下入江团鱼，稍煎加高汤煮开，放酸萝卜、红椒、盐、鸡精煮熟，撒上香菜。

操作要领：
酸萝卜本身已经很咸，炖汤可以先尝尝是否够味，再决定是否放盐。

营养特点

江团鱼高蛋白，低脂肪，富含多种维生素和微量元素，是滋补营养佳品。其富含生物小分子胶原蛋白质，是人体补充合成蛋白质的原料，以水溶液的形式贮存于人体组织中，易于吸收，对改善组织营养状态和加速新陈代谢、抗衰老和美容均有功效。

厨房小知识

牛奶渍鱼格外香！可把收拾好的鱼放到牛奶里泡一下，取出后裹一层干面粉，再入热油锅中炸制，其味道格外香美。

笋干老鸭汤

主料：
老鸭、笋干。

调料：
●腊肉、盐、姜片、蒜片、高汤各适量。

制作过程：

1.老鸭洗净，沥干水分；笋干洗净，切条；腊肉洗净，切片。

2.锅下油烧热，下姜片、蒜片爆香后，注入高汤，放入鸭、腊肉、笋干炖熟，加盐煮5分钟后出锅即可。

操作要领：

鸭子有膻味，记得要剪去鸭屁股。

营养特点

夏季多喝老鸭汤可以除湿解毒、滋阴养胃。

三菌野菜肉丸

主料： 鸡枞菌、牛肝菌、香菇、野菜、猪肉。

调料：

● 精盐、味精、姜、酱油、胡椒粉、高级清汤各适量。

制作过程：

1. 将鸡枞菌、牛肝菌、香菇用清水洗净，切成片。
2. 野菜洗净，氽水，斩成末。猪肉洗净斩成肉末，加精盐、姜末、酱油、水打成馅，将野菜末拌入肉馅里。
3. 锅里加入高级清汤，放入三菌，用大火烧沸，改用小火，将野菜肉馅用手挤成大小相等的丸子，烧沸，肉丸煮熟后同三菌一起装入汤碗即成。

操作要领：

打肉馅时同向搅拌至无颗粒时再加水拌匀，不然肉丸不嫩。

营养特点

三菌含蛋白质、维生素 B_2 和 18 种氨基酸，是典型的高蛋白、低脂肪的美味汤菜。

花生煲猪手

主料： 猪手、花生米、胡萝卜。

调料：

● 盐、味精、绍酒、枸杞、生姜、葱、清汤、胡椒粉各适量。

制作过程：

1. 猪手砍成块；花生米泡透，洗净；枸杞泡透；生姜去皮切片；胡萝卜去皮切块；葱切花。
2. 锅内加水，待水开时投入猪手，煮出血水后，捞起备用。
3. 在煲内加入猪手、胡萝卜、绍酒、花生米、枸杞、生姜，注入清水加盖煲 45 分钟，调入盐、味精、胡椒粉，再煲 5 分钟，撒上葱花即可食用。

操作要领：

猪手需用水过一下，去除血水。

酥肉豆芽汤

主料：
五花肉、豆芽。

调料：
● 盐、淀粉、花椒粉、胡椒粉、红椒丝、鸡蛋液各适量

制作过程：
1. 豆芽洗净；淀粉、鸡蛋液加水调成淀粉糊；五花肉切块，加盐、淀粉糊裹匀。
2. 裹好糊的五花肉炸酥脆后捞出。
3. 沸水锅放入炸好的酥肉、豆芽、红椒丝同煮，加花椒粉、胡椒粉拌匀。

操作要领：
面糊调制：用一块肉粘满面糊，用筷子挑起，能感觉液体会缓慢地向下流动即可。

营养特点
豆芽中含有丰富的维生素 C，可以治疗坏血病。